Oberflächenanalyse von Fluorcarbon-Ausrüstungen bezüglich der Permanenz des hydrophoben Effekts

MASTERARBEIT

an der
Hochschule Hof
Fakultät Ingenieurwissenschaften
Masterstudiengang Verbundwerkstoffe

und im
Wehrwissenschaftlichen Institut für Werk- und Betriebsstoffe, Erding
Geschäftsfeld Ausrüstung Soldat, Bekleidung,
textile Tarnung, technische Textilien

Erstprüfer

Prof. Michael Rauch

Hochschule Hof
Alfons-Goppel-Platz 1
95028 Hof

Zweitprüfer

Prof. Dr. Jörg Krumeich

Hochschule Hof
Alfons-Goppel-Platz 1
95028 Hof

vorgelegt von

Dipl.-Ing. (FH) Matthias Mai

Schildstraße 50
95111 Rehau

Rehau, den 19.04.2011

Berichte aus der Textiltechnik

Matthias Mai

Oberflächenanalyse von Fluorcarbon-Ausrüstungen bezüglich der Permanenz des hydrophoben Effekts

Shaker Verlag
Aachen 2012

Bibliografische Information der Deutschen Nationalbibliothek
Die Deutsche Nationalbibliothek verzeichnet diese Publikation in der Deutschen Nationalbibliografie; detaillierte bibliografische Daten sind im Internet über http://dnb.d-nb.de abrufbar.

Printed in Germany.

ISBN 978-3-8440-1250-7
ISSN 1430-0559

Shaker Verlag GmbH • Postfach 101818 • 52018 Aachen
Telefon: 02407 / 95 96 - 0 • Telefax: 02407 / 95 96 - 9
Internet: www.shaker.de • E-Mail: info@shaker.de

VORWORT

Textilien für militärische Einsatzbekleidung müssen zahlreichen Anforderungen gerecht werden, die in zivilen Bekleidungsartikeln weder qualitativ noch quantitativ benötigt werden. Eigenschaften wie hohe Gebrauchsresistenz, antielektrostatisches und flammhemmendes Verhalten, gute Öl- und Schmutz- und Wasserabweisung, optimale Tarnwirkung im infraroten, visuellen und ultravioletten Spektralbereich verbunden mit hohen Echtheiten, Schutzwirkung gegen Vektoren (tierische Überträger von Infektionskrankheiten) müssen in ein und demselben textilen Flächengebilde „untergebracht" werden. Diese Forderungen stellen Textilerzeuger und -ausrüster vor beachtliche Probleme, da sich einzelne Funktionen auch gegenseitig beeinflussen. Eine effiziente Zusammenarbeit aller an der Erzeugungskette beteiligten Hersteller ist deshalb unverzichtbar. Obwohl die Entwicklung solcher Spezialtextilien bereits sehr weit fortgeschritten ist, existieren immer noch Defizite in der Gebrauchs- und Waschpermanenz, welche die Lebensdauer und Funktionalität von militärischen Bekleidungsartikeln in inakzeptabler Weise einschränken und damit zu möglicherweise vermeidbaren hohen Kosten für die Regeneration der Ausstattung der Soldaten führen.

Eine Wasser abweisende Ausrüstung wird z.B. nicht nur auf einlagigen textilen Flächengebilden, sondern auch auf den Obermaterialien von Nässeschutzlaminaten benötigt: Entsteht nämlich durch Versagen der Ausrüstung auf der Laminataußenseite ein geschlossener Wasserfilm, wird dadurch der Wasserdampfdurchgang stark eingeschränkt und es bildet sich Kondenswasser im Inneren der Bekleidung. Kürzlich durchgeführte Untersuchungen belegen, dass Wasser abweisende Ausrüstungen auf der Basis von Fluorchemikalien eine für militärische Einsatzbekleidung unzureichende Wasch- und Gebrauchsresistenz aufweisen. Auch eine Reaktivierung durch verschiedene Methoden der Wärmebehandlung führt nicht zu befriedigenden Ergebnissen. Dies gilt auch für Verfahren der Nachimprägnierung, die zudem bei Auslandseinsätzen nicht oder nur eingeschränkt durchgeführt werden können.

Detaillierte Informationen über die Mechanismen der Degeneration von Wasser abweisenden Ausrüstungen infolge von Gebrauchsbeanspruchungen und Waschbehandlungen bilden eine wesentliche Grundlage für deren zielgerichtete Optimierung. Aktuelle oberflächenanalytische und hochauflösende bildgebende Verfahren liefern bei der Aufklärung unverzichtbare Erkenntnisse. Für alle Firmen in der textilen Kette sind diese Erkenntnisse von Nutzen, da aus anspruchsvollen Forderungen für militärische Einsatzbekleidung auch im zivilen Bereich vermarktbare Funktionen entstehen können.

Dr. Wolfgang Uedelhoven
WIWeB Erding

DANKSAGUNG

An dieser Stelle möchte ich die Gelegenheit nutzen und mich bei Herrn Prof. Michael Rauch und Herrn Dr. Wolfgang Uedelhoven für die Übernahme meiner Betreuung und ihre allseitige Unterstützung, sowie bei Herrn Prof. Dr. Jörg Krumeich für die Übernahme der Zweitkorrektur bedanken.

Ebenso gilt mein Dank dem Institutsleiter, Herrn Direktor und Prof. Dr. Peter Bartl, für die Gelegenheit, meine Abschlussarbeit im WIWeB zu absolvieren.

Bei Herrn Dipl.-Ing. (FH) Alexander Dietel, Herrn Prof. Dr. Jürgen von Czarnecki, Herrn Dr. Jens Holtmannspötter und Herrn Dr. Sebastian Eibl bedanke ich mich für die vielen interessanten Gespräche und Denkanstöße.

Wegen ihrer unermüdlichen Hilfsbereitschaft und des angenehmen Betriebsklimas gilt mein besonderer Dank den Damen und Herren der Geschäftsfelder 330 und 310, sowie den Mitarbeitern der chemischen Analytik und der Werkstatt. Sie haben maßgeblich zum Gelingen dieser Arbeit beigetragen.

Der Firma Rudolf-Chemie in Geretsried danke ich für die unbürokratische Bereitstellung ihrer Produkte.

INHALTSVERZEICHNIS

ABBILDUNGSVERZEICHNIS

TABELLENVERZEICHNIS

ABKÜRZUNGEN UND FORMELZEICHEN

1W	ein Wasch- und Trocknungsgang
5W	fünf Wasch- und Trocknungsgänge
AR/ CV-FR	Flammhemmendes Aramid/ Viskose-Gewebe
C6	Fluorcarbon-Chemie auf Basis von Alkylseitenketten mit sechs fluorierten Kohlenstoffatomen
C8	Fluorcarbon-Chemie auf Basis von Alkylseitenketten mit acht fluorierten Kohlenstoffatomen
CCD	Charge-coupled Device
CO/ PES	Baumwolle/ Polyester-Gewebe
FC	Fluorcarbon
HD	Hochauflösend
HS	Hochgeschwindigkeitskamera
IC	Ionenaustauschchromatographie
ICP-OES	Inductively coupled plasma optical emission spectrometry
OWRK	Berechnung der Oberflächenspannung nach Owens, Wendt, Rabel und Kaelble
PFOA	Perfluoroctansäure
PFOS	Perfluoroctansulfonsäure
PVC	Polyvinylchlorid
REM	Rasterelektronenmikroskopie
TL	Technische Lieferbedingung
VE	Vollentsalzt
XPS	X-ray photoelectron spectroscopy

γ_{lv}	Grenzflächenspannung zwischen Flüssigkeit l und Dampfphase v
γ_{sl}	Grenzflächenspannung zwischen Feststoff s und Flüssigkeit l

γ_{sv}	Grenzflächenspannung zwischen Feststoff s und Dampfphase v
γ_l	Oberflächenspannung einer Flüssigkeit l im Vakuum
$\gamma_{l,d}$	Dispersiver Anteil d der Oberflächenspannung einer Flüssigkeit l
$\gamma_{l,p}$	Polarer Anteil p der Oberflächenspannung einer Flüssigkeit l
γ_s	Oberflächenenergie eines Feststoffs s im Vakuum
$\gamma_{s,d}$	Dispersiver Anteil d der Oberflächenenergie eines Feststoffs s
$\gamma_{s,p}$	Polarer Anteil p der Oberflächenenergie eines Feststoffs s
θ	Kontaktwinkel eines aufliegenden Tropfens
π_e	Spreitdruck
Φ	Wechselwirkunsparameter in der Gleichung nach Girifalco, Good und Fowkes zur Berechnung der Grenzflächenspannung γ_{sl}
f	Korrekturfaktor zur Berechnung der Oberflächenspannung γ_l mit Hilfe der Benetzungswaage
F_{max}	Maximal gemessene Kraft bei der Benetzungswaage
R	Mittlerer Radius des Rings für die Benetzungswaage

1 EINLEITUNG

Die Funktionalisierung von Bekleidungstextilien ist ein Thema, das beim Militär einen hohen Stellenwert hat. Die Oberflächenausrüstung des normalen Bekleidungsstoffs mit verschiedenen Beschichtungen kann den Einsatz weiterer Schutzausrüstung hinauszögern oder sogar überflüssig machen. Ein Beispiel hierfür ist die sogenannte Fluorcarbon-Ausrüstung auf dem Stoff von Nässeschutzbekleidungen, wie dem in Abbildung 1.1. Dabei handelt es sich um eine sowohl wasser- als auch öl- und schmutzabweisende Beschichtung des Textils.

Im Vorfeld dieser Masterarbeit wurden sowohl ein Praktikum [1], als auch eine Diplomarbeit [2] im WIWeB durchgeführt, die die Reaktivierung der Fluorcarbon-Ausrüstung nach der Wäsche zum Thema hatten. Dabei stellte sich heraus, dass bereits nach der ersten Wäsche der wasserabweisende Effekt dramatisch abnimmt und auch durch eine im Wäschetrockner oder in der

Abbildung 1.1: *Wassertropfen auf einem mit C8 ausgerüsteten CO/ PES-Gewebe (Foto: WIWeB).*

Bügelpresse stattfindende Wärmenachbehandlung nicht wiederkehrt. Allerdings bleibt der ölabweisende Effekt weiterhin bis zu einem gewissen Grad bestehen.

Ziel der vorliegenden Masterarbeit ist es, die Proben der vorangegangenen Diplomarbeit mit oberflächensensitiven Verfahren hinsichtlich der Permanenz der Fluorcarbon-Ausrüstung zu analysieren. Damit verbunden soll der Mechanismus besser verstanden werden, der für den Verlust der Hydrophobie bei gleichzeitigem Weiterbestehen der Oleophobie verantwortlich ist.

Dies geschieht mit Hilfe verschiedener Analysemethoden, wie der Rasterelektronenmikroskopie, Röntgenphotoelektronenspektroskopie, Ionenaustauschchromatographie inklusive Emissionsspektrometrie, der Benetzungswaage und der Kontaktwinkelmessung. Ebenso wird der Aufschlag eines Tropfens auf das Gewebe mittels einer Hochgeschwindigkeitskamera untersucht und an einer Auswahl von Proben ein Reimprägnierungsversuch unternommen, der mit den üblichen Verfahren in Bezug auf die wasser- und ölabweisenden Eigenschaften bewertet wird. Dazu gehören die Beregnungsprüfung nach Bundesmann, sowie die Oleophobieprüfung und der Spraytest.

2 STAND DER TECHNIK UND GRUNDLAGEN

Zu Beginn sollen die physikalischen und chemischen Grundlagen erörtert werden, die für die abweisenden Eigenschaften von Fluorcarbonen verantwortlich sind und im Anschluss werden die Funktionsprinzipien der einzelnen Analysemethoden erläutert.

2.1 Der hydro- und oleophobe Effekt

Hierfür wird im Folgenden zunächst ein Überblick darüber verschafft, wie Hydro- und Oleophobie zustande kommen. Ebenso werden einige Beispiele für die industrielle Umsetzung auf textilen Oberflächen genannt

2.1.1 Physikalischer Hintergrund

Der Wasser- und Ölabweisung liegt das Prinzip der Oberflächenspannung γ zu Grunde, die mit den Einheiten [mN/m], [mJ/m^2] oder auch [dyn/cm] beschrieben wird.[a] Die Oberflächenspannung entsteht aufgrund zwischenmolekularer Wechselwirkungen, die schematisch in Abbildung 2.1 dargestellt sind.

Moleküle im Inneren der Flüssigkeit können zu allen Seiten mit anderen Partnern interagieren, sodass jeder Kraftvektor durch einen gegenläufigen neutralisiert wird. Bei den Molekülen, die sich direkt an der Oberfläche der Flüssigkeit befinden, verhält sich das jedoch anders. Dort liegt ein Ungleichgewicht vor, da der Gegenpart für einen Großteil der Vektoren fehlt, was dazu führt, dass die resultierende Kraft ins Flüssigkeitsinnere gerichtet ist. Für ein Molekül ist die Lage direkt an der Oberfläche also energetisch ungünstig, weswegen ein Tropfen immer versucht die Form einer Kugel anzunehmen, da das bei gleichem Volumen die Geometrie mit der kleinsten Oberfläche ist.

---

[a] 1 mN/m = 1 mJ/m^2 = 1 dyn/cm

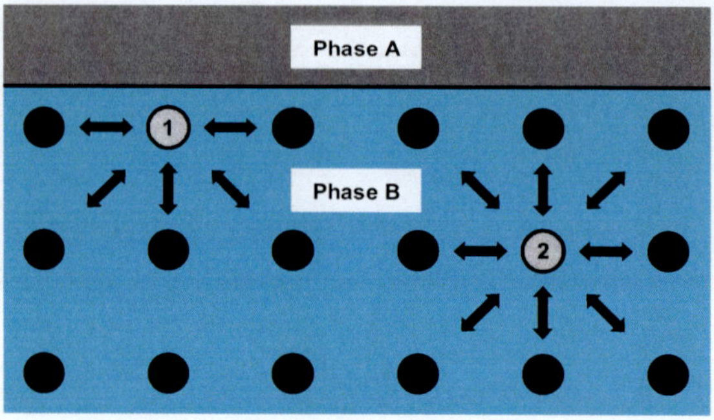

Abbildung 2.1: *Schematische Darstellung der zwischenmolekularen Kräfte (1) an der Grenzfläche und (2) innerhalb einer Phase.*

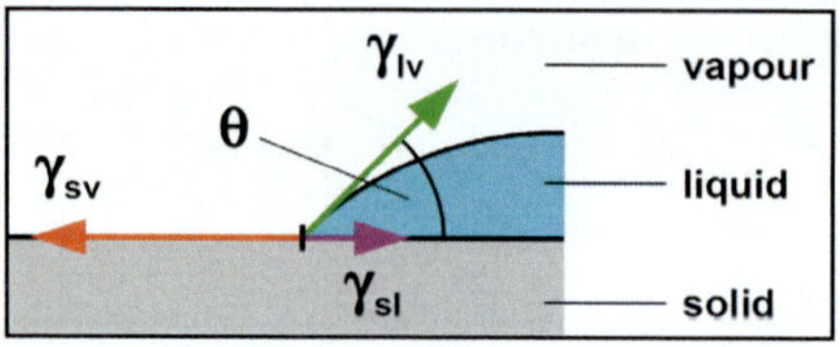

Abbildung 2.2: *Kräftegleichgewicht zwischen den Grenzflächenspannungen der drei Phasen.*

Anders ausgedrückt muss eine Arbeit verrichtet werden, um die Anzahl der Moleküle an der Oberfläche zu vergrößern, und bei dieser Arbeit pro Fläche handelt es sich um die Oberflächenspannung. Gleichermaßen besitzen auch Feststoffe eine Oberflächenspannung, die als freie Oberflächenenergie bezeichnet wird.

Ein Tropfen, der auf einem Feststoff aufliegt, bildet zusammen mit der umgebenden Luft ein Drei-Phasen-System, aus dem die sogenannten Grenzflächenspannungen hervorgehen. Diese verlaufen, wie man in Abbildung 2.2 sehen kann, tangential entlang der jeweiligen Kontaktlinie und ergeben im Treffpunkt der drei Phasen ein Kräftegleichgewicht, dass nach

Young mit Gleichung 1 beschrieben wird. Die für die Grenzflächenspannungen gängigen Indizes s, l und v entspringen den englischen Bezeichnungen der jeweils beteiligten Phasen.

$$\gamma_{sl} = \gamma_{sv} - \gamma_{lv} \cdot \cos\theta \qquad (1)$$

Weil ein Teil der Flüssigkeit in die Gasphase übergeht, wird diese auch als Dampfphase bzw. „vapour" bezeichnet. Die Oberflächenenergie γ_s des Feststoffs im Vakuum wird durch Flüssigkeitsmoleküle herabgesetzt, die von der Dampfphase aus auf der Feststoffoberfläche adsorbiert werden, woraus die Grenzflächenspannung γ_{sv} resultiert. Der Zusammenhang wird in Gleichung 2 dargestellt, die die Differenz enthält, den sogenannten Spreitdruck π_e. Es kann bei Kunststoffen und Flüssigkeiten jedoch im Allgemeinen angenommen werden, dass $\gamma_{sv} \sim \gamma_s$ bzw. $\gamma_{lv} \sim \gamma_l$ ist.

$$\gamma_{sv} = \gamma_s - \pi_e \qquad (2)$$

Der Kontaktwinkel θ ist ebenfalls in Gleichung 1 enthalten und bezeichnet im Drei-Phasen-Punkt den Winkel, der von den Oberflächen des aufliegenden Tropfens und des Feststoffs eingeschlossen wird. Abbildung 2.3 verdeutlicht, dass der Kontaktwinkel ein Maß für die Benetzbarkeit eines Feststoffs mit der jeweiligen Flüssigkeit ist. Ganz Allgemein können zwei Fälle unterschieden werden. Wenn $\gamma_s \geq \gamma_l$ ist, ist $\theta < 90°$ und die Feststoffoberfläche wird benetzt. Wenn aber $\gamma_s << \gamma_l$ ist, bilden sich Kontaktwinkel mit $\theta > 90°$ und es findet keine Benetzung statt.

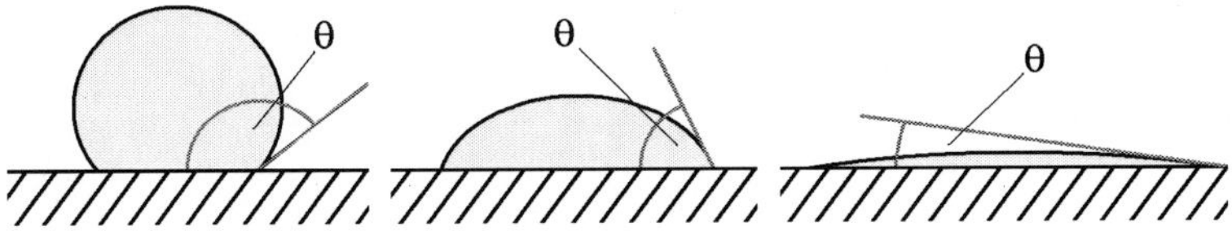

Abbildung 2.3: *Verschiedene Benetzungszustände (Benetzung steigt von links nach rechts).*

2.1.2 Technische Umsetzung

Die Natur dient oft als Vorbild für technische Umsetzungen und so auch bei phobierenden Ausrüstungen von Textilien. Das bekannteste Vorbild ist der Lotus-Effekt. Die Blätter der Lotus-Pflanze haben die bemerkenswerte Eigenschaft, dass Wasser an ihnen abperlt und aufliegende Schmutzpartikel dabei einfach mitgerissen werden.

Beispiele gleicher Art sind aber auch in der Fauna zu finden. So kann die südamerikanische Wasserspinne tauchen ohne dabei nass zu werden, weil ihre feinen Härchen eine Oberflächenstruktur ergeben, die eine dünne, schützende Luftschicht um sie herum bildet, oder der Wasserläufer, der durch ebenfalls feine Härchen an seinen Beinen eine Benetzung verhindert, Auftrieb erzeugt und so seine namensgebende Eigenschaft erhält.

Aus der bereits beschriebenen Theorie kann man generell schließen, dass eine geringe Oberflächenenergie der Textilausrüstung erforderlich ist, um dieses Phänomen technisch umzusetzen. Die älteste Form, mit der das erreicht wird, sind Paraffine. Diese Art von Ausrüstung wird meist als Emulsion aufgebracht, die Aluminium- oder Zirkoniumsalze von Fettsäuren enthält. Sie ist kostengünstig und erzeugt eine gleichmäßige Wasserabweisung auf der Oberfläche des so behandelten Textils. Allerdings kann mit ihr keine Oleophobie erzielt werden und sie erhöht die Entflammbarkeit des Gewebes. Weiterhin besitzen Paraffine nur eine geringe Waschpermanenz und verringern die Wasserdampfdurchlässigkeit eines Textils. [3]

Ein weiteres Beispiel sind Beschichtungen mit Polydimethylsiloxanen. Da der Sauerstoff in deren chemischer Struktur Wasserstoffbrückenbindungen mit der Faseroberfläche eingeht, kehren sich die Methyl-Gruppen nach außen und bilden eine hydrophob wirkende Oberflächenschicht. Der entscheidende Vorteil hierbei ist eine sehr gute Wasserabweisung, bei vergleichsweise wenig aufgebrachtem Ausrüstungsmaterial. Im Umkehrschluss wirken sich übermäßig aufgebrachte Mengen eher nachteilig auf die Hydrophobie aus, da es so zu Doppelschichten kommen kann, bei denen, wie in Abbildung 2.4 zu sehen, der polare Teil der Makromoleküle freiliegt. Außerdem kann mit Ausrüstungen auf Silikon-Basis ebenfalls keine Oleophobie erzeugt werden.

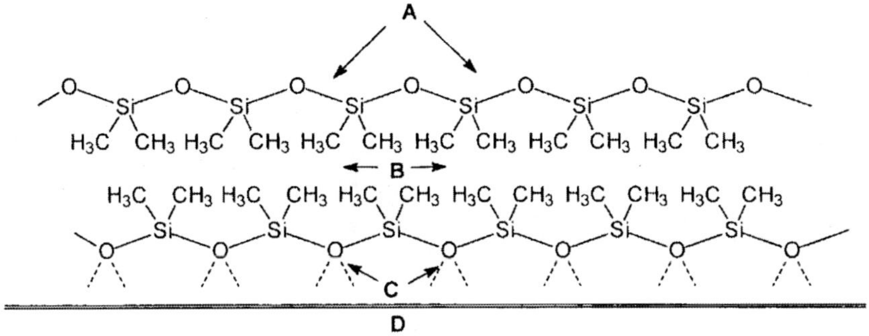

Abbildung 2.4: *Doppelschicht einer Silikonausrüstung: (A) polare Oberfläche, (B) Wechselwirkung zwischen den Methyl-Gruppen, (C) Wasserstoffbrückenbindungen, (D) Substratoberfläche. [3]*

Abgesehen von der Art der Beschichtung können die hydrophoben Eigenschaften von Materialien, die von sich aus wasserabweisend sind, noch weiter durch Nanostrukturierung verbessert werden. Durch Kapillardepression wird in den Vertiefungen der Oberfläche Luft eingeschlossen, was zu einer geringeren Kontaktfläche zwischen Feststoff und Flüssigkeit führt. Ein solcher Zustand ist als Super- oder Ultrahydrophobie bekannt, der sich durch einen niedrigen Abrollwinkel des Tropfens, sowie einen Kontaktwinkel von > 150° auszeichnet [4]. Solche Effekte können zum Teil auch bei Feststoffen, deren Kontaktwinkel mit Wasser normalerweise unter 90° liegt, durch erhöhte Rauigkeit erzielt werden [5].

2.2 Fluorcarbone

Um nicht nur wasserabweisende sondern auch oleophobe Eigenschaften zu erzielen, müssen Ausrüstungen auf Fluor-Basis verwendet werden, da aus ihnen Textilien mit der niedrigsten Oberflächenenergie resultieren [3]. Das kann auch anhand von Abbildung 2.5 nachvollzogen werden, in der die kritischen Oberflächenspannungen verschiedener chemischer Bindungen zu sehen sind.

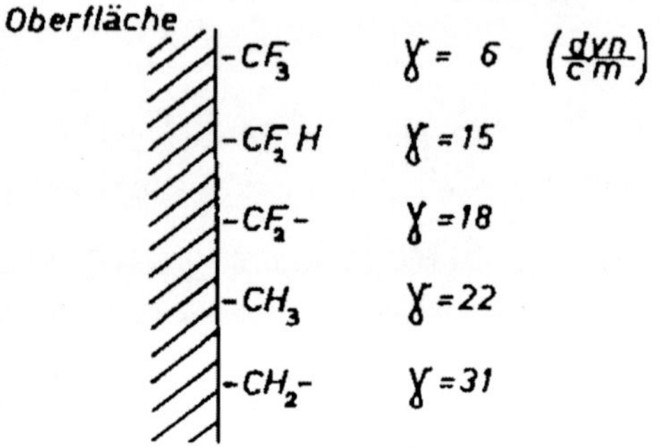

Abbildung 2.5: *Einfluss einiger chemischer Bindungen auf die kritische Oberflächenspannung (1 dyn/cm = 1 mN/m). [6]*

2.2.1 Herstellung und PFOS/ PFOA-Problematik

Das Grundgerüst der Fluorcarbone bilden Urethan- oder Acrylat-Monomere, wobei Letztere bei der hier untersuchten Ausrüstung vorliegen. Diese Monomere können entweder über elektrochemische Fluorierung oder Fluortelomerisation mit fluorierten Alkyl-Gruppen versehen werden. [3]

Bewährt haben sich Alkyl-Seitenketten mit acht fluorierten Kohlenstoff-Atomen. Bei deren Herstellung können jedoch perfluorierte Tenside entstehen, die persistent und bioakkumulativ sind, wie z.B. Perfluoroctansulfonsäure (PFOS) oder Perfluoroctansäure (PFOA). [7]

So bringt die Elektrofluorierung PFOS als Zerfallsprodukt hervor, weswegen sie seit einiger Zeit fast nicht mehr verwendet wird. PFOA tritt hingegen als Verunreinigung bei der Telomerisation auf. Dem wird entgegengewirkt, indem die Länge der Alkylseitenketten von acht auf sechs fluorierte Kohlenstoff-Atome verkürzt wird. Aufgrund einer Vereinbarung der Fluorcarbonharz-Produzenten mit der Environmental Protection Agency wird die C8-Chemie zur Zeit nach und nach aus dem Sortiment genommen und spätestens 2015 komplett abgeschafft sein. [7]

2.2.2 Ausrüstungsprozess von Textilien mit Fluorcarbonpolymeren

Aufgebracht werden Fluorcarbonpolymere häufig nasschemisch über das Foulard-Verfahren, das schematisch in Abbildung 2.6 zu sehen ist. Dabei wird im Foulard die wässrige Harz-Emulsion auf dem Textil appliziert und abgepresst. Danach wird die Ausrüstung bei ca. 130 °C getrocknet und erfährt dann bei bis zu 180 °C eine thermische Nachbehandlung. Dadurch vernetzt das Polymer und die fluorierten Alkylseitenketten richten sich aus. [8]

Wie die chemische Struktur der Ausrüstung aussehen kann wird in Abbildung 2.7 dargestellt. Hierbei ist anzumerken, dass fluorfreie Monomere ebenfalls eine wichtige Rolle in der Fluorcarbon-Chemie darstellen, weil mit ihnen die Filmbildung oder Permanenz gesteuert werden kann. Letzteres wird durch Monomere ermöglicht, die zu Vernetzungen innerhalb des Fluorcarbon-polymers oder zu einer chemischen oder physikalischen Fixierung auf der Oberfläche führen.

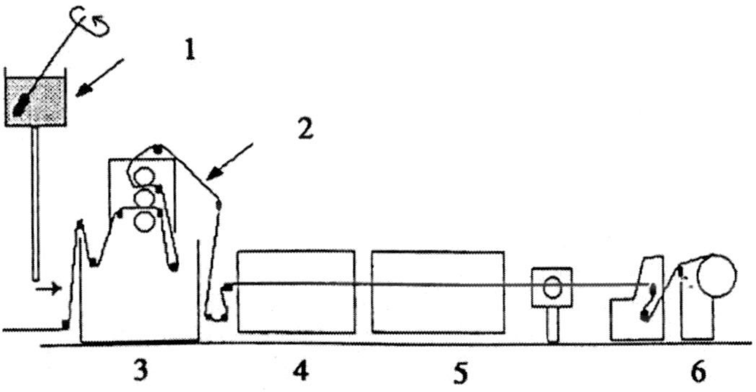

Abbildung 2.6: *Schema des Foulard-Verfahrens: (1) Fluorierte Acrylharz-Emulsion in wässriger Lösung, (2) Textil, (3) Foulard, (4) Trocknung, (5) Nachbehandlung, (6) Aufwicklung. [8]*

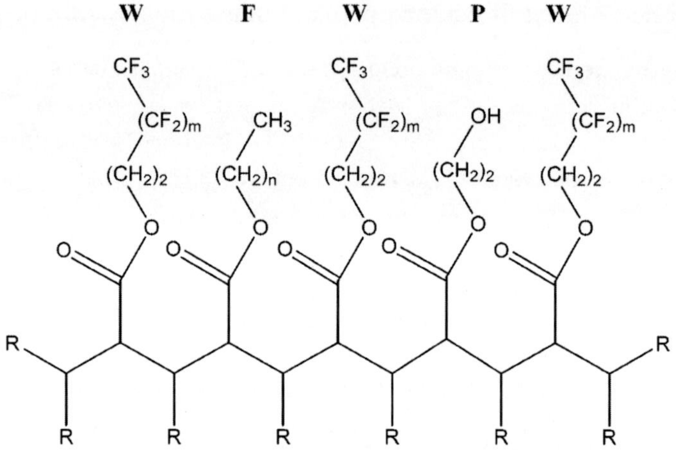

Abbildung 2.7: *Fluorcarbon-Copolymer auf Acrylatbasis, hergestellt aus Monomeren (W) für die hydrophobe Wirkung, (F) zur Filmbildung und (P) für die Permanenz der Ausrüstung. [8]*

2.3 Zusammensetzung der untersuchten Gewebe

Das Trägermaterial der in dieser Arbeit untersuchten Proben ist Baumwolle/ Polyester- oder flammhemmendes Aramid/ Viskose-Gewebe. Die genaue Zusammensetzung, sowie die gängigen Kurzzeichen sind in Tabelle 2.1 festgehalten.

Tabelle 2.1: *Spinnfaseranteil der Gewebe nach den technischen Lieferbedingungen der Bundeswehr TL 8305-0020 bzw. TL 8305-0336.*

Name	Kurzzeichen	Spinnfaseranteil [%]
Baumwolle/ Polyester	CO/ PES	65 / 35
Aramid/ Viskose (+ Antistatikfasern)	AR/ CV-FR	49 / 49 (+2)

2.4 Analysemethoden und Prüfungen

Für die Bewertung der vorhandenen Proben werden verschiedene physikalische bzw. chemische Anlayse- und Prüfverfahren eingesetzt, auf deren Funktionsprinzipien nachfolgend näher eingegangen wird.

2.4.1 Rasterelektronenmikroskopie (REM)

Bei der Rasterelektronenmikroskopie (REM) handelt es sich um ein bildgebendes Verfahren, mit dem höhere Auflösungen erzielt werden können, als es bei der Lichtmikroskopie möglich ist. Grundlage hierfür ist ein Elektronenstrahl, der mit Hilfe von elektromagnetischen Linsen fokussiert und zeilenweise über die Probe gerastert wird. Da die Elektronen aus der Kathode mit einer Spannung von einigen Kilovolt beschleunigt werden, regen sie die Probenoberfläche zur Emission von z.B. Sekundärelektronen an. Diese werden von einem Detektor erfasst und ergeben, mit Hilfe der entsprechenden Software, ein plastisches Bild der Topografie. Weil die physikalischen Prozesse leicht durch Gasmoleküle gestört werden können, befinden sich die Kathode, die Probe und der Detektor im Vakuum.

2.4.2 Röntgenphotoelektronenspektroskopie (XPS)

Die Röntgenphotoelektronenspektroskopie, oder kurz XPS[b], stellt ein Verfahren zur Oberflächenanalyse von Feststoffen dar, mit dem Elemente und teilweise auch deren chemische Bindungen nachgewiesen werden können. Das Verfahren beruht auf dem Effekt, dass ein Substrat durch Bestrahlung aus einer Röntgenquelle Photoelektronen emittiert.

Während die Röntgenphotonen in einer Größenordnung von 1 bis 10 µm [9] in das Material eindringen, werden nur Elektronen aus einer Tiefe von bis zu ca. 20 Å [10] emittiert, da die Elektronen aus tieferen Regionen längst mit einem Partner rekombinieren, bevor sie die Oberfläche erreichen und verlassen können.

---

[b] Abkürzung der engl. Bezeichnung „x-ray photoelectron spectroscopy"; Verfahren ist auch als „electron spectroscopy for chemical analysis" (ESCA) bekannt.

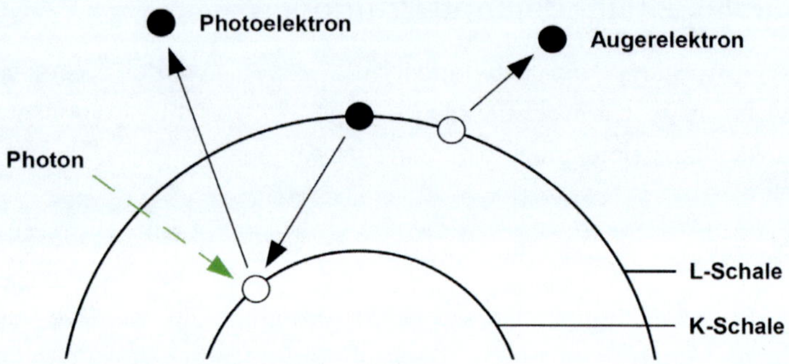

Abbildung 2.8: *Schematische Darstellung des photoelektrischen Effekts und des Augereffekts.*

Da die Energie der anregenden Röntgenphotonen konstant ist, kann über die kinetische Energie der Elektronen, mit der sie vom Analysator der XPS-Anlage detektiert werden, ihre ursprüngliche Bindungsenergie ermittelt werden. Diese ist für das Element und das Orbital charakteristisch, aus dem das jeweilige Elektron stammt. Dementsprechend werden die Peaks dann üblicherweise auch bezeichnet, wie zum Beispiel mit „C1s".

Das Prinzip des photoelektrischen Effekts wird in Abbildung 2.8 verdeutlicht, in der die Entstehung eines Augerelektrons ebenfalls enthalten ist. Der Augereffekt ist eine Begleiterscheinung des photoelektrischen Effekts. Hierbei rückt ein Elektron aus einer energetisch höher gelegenen Schale nach, um die Lücke aufzufüllen, die das Photoelektron hinterlässt. Dadurch wird Energie frei, die ein weiteres Elektron anregt, das dann als Augerelektron emittiert wird. Die Nomenklatur der entsprechenden Peaks, wie zum Beispiel „C KLL", enthält das Element sowie die Information, aus welchen Schalen die am Augereffekt beteiligten Elektronen stammen.

2.4.3 Ionenaustauschchromatographie (IC) und Emissionsspektrometrie (ICP-OES)

Die Ionenaustauschchromatographie (IC) erlaubt, unter Verwendung entsprechender Standards, die Bestimmung der Gewichtsanteile bestimmter Elemente. Dazu wird eine Probe in einem sogenannten Schmelzaufschluss gelöst und mit VE-Wasser verdünnt. Diese Lösung wird über einen Schleifeninjektor in eine Trennsäule gepumpt, die für die Selektion von Anionen meist eine quartäre Ammoniumbase als Austauschfunktion enthält [11]. Mit dem Detektor wird dann die Leitfähigkeit als Funktion der Zeit aufgenommen und letztendlich die Fläche unter den Peaks mit denen von Standardmessungen verglichen, woraus auf die Gewichtsanteile geschlossen werden kann.

Bei der Emissionsspektrometrie (ICP-OES) kann dieselbe gelöste Probe wie bei der IC verwendet werden. Sie wird hierbei jedoch in zerstäubter Form einer Plasmaflamme zugeführt. Das durch die Verbrennung entstehende Lichtspektrum wird in einem Array-Spektrometer aufgefächert und die Intensität der jeweiligen Wellenlänge über kreisförmig angeordnete CCD-Sensoren gemessen. Da jedes Element seine charakteristischen Spektrallinien hat, können auch hier über Standards Substanzen identifiziert und Gewichtsanteile bestimmt werden.

2.4.4 Benetzungswaage und Kontaktwinkelmessung

Die Benetzungswaage ermöglicht die Bestimmung der Oberflächenspannung einer Flüssigkeit, z.B. mit Hilfe eines Rings, wie er in Abbildung 2.9 zu sehen ist. Wenn der Ring in eine Flüssigkeit eingetaucht und wieder herausgezogen wird bildet sich eine Flüssigkeitslamelle, die eine gewisse Kraft auf den Ring ausübt. Diese erreicht ihr Maximum F_{max}, wenn der Kontaktwinkel zwischen Ring und Flüssigkeit 0° ist, also kurz bevor die Lamelle abreißt. Mit Gleichung 3 kann aus der gemessenen maximalen Kraft die Oberflächenspannung γ_l ermittelt werden. Hierbei ist anzumerken, dass im Nenner der doppelte Umfang des Rings mit dem mittleren Radius R steht.

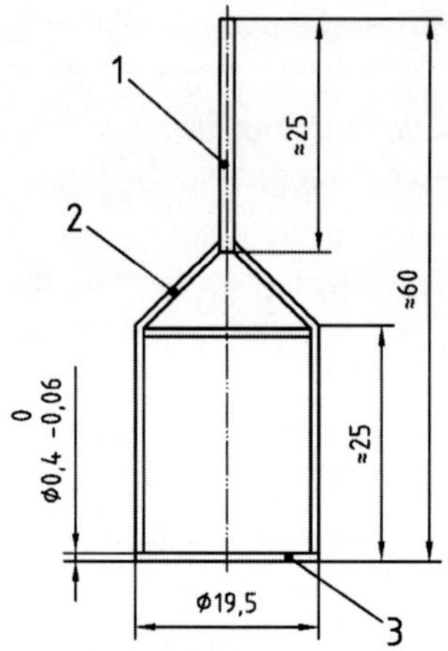

Abbildung 2.9: *Skizze aus DIN EN ISO 14210 von einem Ring zur Messung der Oberflächenspannung, mit (1) Metallstift, (2) Drahtbügel und (3) Ring (Maße in mm).*

Das ist dadurch begründet, dass die gemessene Kraft sowohl am inneren, als auch am äußeren Umfang des Rings angreift. Der Ausdruck f stellt einen Korrekturfaktor dar, der notwendig ist, da die Gewichtskraft des Rings die Messung beeinflusst [12].

$$\gamma_l = \frac{F_{max} \cdot f}{2 \cdot (2 \pi R)} \tag{3}$$

Mit der Kontaktwinkelmessung hingegen kann die Benetzbarkeit einer Feststoffoberfläche mit der verwendeten Flüssigkeit beurteilt, aber auch die Oberflächenenergie berechnet werden. Das ist mit verschiedenen Methoden möglich, von denen im Folgenden allerdings nur auf die beiden eingegangen wird, die für die vorliegende Arbeit relevant sind.

Dafür ist zunächst wichtig, dass die Oberflächenspannung gemäß Fowkes als Summe aus dispersivem und polarem Anteil verstanden wird, was sich aus der Art der zwischenmolekularen Wechselwirkungen ergibt. Der polare Anteil geht auf die Kräfte zurück, die zwischen Dipolen wirken und der dispersive Anteil auf die, die zwischen Nicht-Dipolen wirken. Denn auch Letztere können, aufgrund von statistischen Umverteilungen der Elektronen im Orbitalmodell, kurzzeitig zu Dipolen werden und bei anderen unpolaren Gruppen ebenfalls eine Ladungsumverteilung induzieren. Wegen der Kurzlebigkeit der beteiligten Partner sind die dispersiven Kräfte jedoch um einiges schwächer als ihr polarer Gegenpart. Um die Anteile zu ermitteln gibt es zwei unterschiedliche Berechnungsansätze, je nachdem, wie hoch die zu erwartende Oberflächenenergie ist.

Kann von einer Oberflächenenergie > 35 mN/m ausgegangen werden, kommt die Methode nach Owens, Wendt, Rabel und Kaelble, kurz OWRK, zum Einsatz. Diese leitet sich aus Gleichung 4 nach Girifalco, Good und Fowkes, dem Verständnis der Oberflächenspannung als Summe ihrer Anteile, sowie dem Gleichsetzen mit dem Kräftegleichgewicht nach Young her. Bei Φ handelt es sich um einen Wechselwirkungsparameter, der hier jedoch gleich eins gesetzt werden kann.

$$\gamma_{sl} = \gamma_s + \gamma_l - 2 \cdot \Phi \cdot \sqrt{\gamma_s \cdot \gamma_l} \tag{4}$$

Das Resultat findet man in Gleichung 5.1 bzw. in substituierter Form in Gleichung 5.2, wobei der Index i eine fortlaufende Nummer für die jeweils verwendete Messflüssigkeit ist. Bei der Zwei-Punkt-Methode wird der Kontaktwinkel von zwei Flüssigkeiten gemessen, sodass zwei Gleichungen mit den gesuchten Unbekannten x_1 und x_2 vorliegen, die somit gelöst werden können.

$$\sqrt{\gamma_{li,d}} \cdot \sqrt{\gamma_{s,d}} + \sqrt{\gamma_{li,p}} \cdot \sqrt{\gamma_{s,p}} = \frac{1 + \cos \theta_i}{2} \tag{5.1}$$

$$a_{i1} \cdot x_1 + a_{i2} \cdot x_2 = y_i \tag{5.2}$$

Ist abzusehen, dass die Oberflächenenergie < 35 mN/m ist, findet die Berechnung nach Wu Anwendung. Sie arbeitet mit dem harmonischen Mittel und liefert für niedrige Oberflächenenergien genauere Werte. Dazu werden einige Substitutionsschritte durchgeführt, beginnend mit Gleichung 6.1 bzw. Gleichung 6.2, wobei der Index i hier ebenfalls eine fortlaufende Nummer für die verwendeten Flüssigkeiten ist. Die dort enthaltenen Therme a_i, b_i und c_i werden wiederum mit den Thermen aus den Gleichungen 7.1 bis 7.4 zusammengefasst, sodass Gleichung 8 vorliegt.

$$\frac{\gamma_{li}\cdot(1+\cos\theta_i)}{4} = \frac{\gamma_{li,d}\cdot\gamma_{s,d}}{\gamma_{li,d}+\gamma_{s,d}} + \frac{\gamma_{li,p}\cdot\gamma_{s,p}}{\gamma_{li,p}+\gamma_{s,p}} \tag{6.1}$$

$$c_i = \frac{a_i\cdot x}{a_i+x} + \frac{b_i\cdot y}{b_i+y} \tag{6.2}$$

$$S_i = a_i + b_i - c_i \tag{7.1}$$

$$R_i = b_i\cdot(a_i - c_i) \tag{7.2}$$

$$U_i = a_i\cdot(b_i - c_i) \tag{7.3}$$

$$V_i = a_i\cdot b_i\cdot c_i \tag{7.4}$$

$$S_i\cdot x\cdot y + R_i\cdot x + U_i\cdot y = V_i \tag{8}$$

$$x^2 + \underbrace{\frac{V_2 S_1 - R_2 U_1 - V_1 S_2 + R_1 U_2}{(\frac{R_1}{S_1} - \frac{R_2}{S_2})\cdot S_1 S_2}}_{M}\cdot x + \underbrace{\frac{V_2 U_1 - V_1 U_2}{(\frac{R_1}{S_1} - \frac{R_2}{S_2})\cdot S_1 S_2}}_{N} = 0 \tag{9}$$

$$x_{I/II} = -\frac{M}{2} \pm \frac{1}{2}\sqrt{M^2 - 4N} \tag{10}$$

Auch hier werden zwei Flüssigkeiten verwendet, sodass die Unbekannte y vorerst eliminiert werden kann und sich die quadratische Gleichung 9 ergibt. Deren Unbekannte x bzw. $\gamma_{s,d}$ kann mit Gleichung 10 errechnet werden und liegt somit zweimal vor. Wenn x_I und x_{II} in Gleichung 8 eingesetzt werden, ergeben sich zwei x/y-Lösunspaare, wobei nur eines physikalisch sinnvolle Werte annimmt.

In dieser Arbeit werden, sowohl für die Methode nach OWRK, als auch für die nach Wu, destilliertes Wasser und Diiodmethan als Messflüssigkeiten verwendet. Die jeweilige Oberflächenspannung mit ihren Anteilen ist in Tabelle 2.2 zu finden.

Tabelle 2.2: *Oberflächenspannungen der Messflüssigkeiten, inkl. der jeweiligen Anteile. [13]*

Flüssigkeit	Oberflächenspannung [mN/m]		
	gesamt γ_l	dispersiv $\gamma_{l,d}$	polar $\gamma_{l,p}$
Wasser	72,80	21,80	51,00
Diiodmethan	50,80	50,80	0,00

2.4.5 Prüfverfahren zur Bewertung hydro- und oleophob ausgerüsteter Textilien

Zur Prüfung von wasser- und ölabweisend ausgerüsteten Geweben werden häufig die Beregnungsprüfung nach Bundesmann, die Oleophobie-Prüfung und der Spraytest angewendet.

Bei der Bundesmann-Prüfung nach DIN EN 29865 handelt es sich um einen Test, der die hydrophoben Eigenschaften unter Tragebelastung und starkem Regen simulieren soll. Dazu werden vier Rundschnitte mit 140 mm Durchmesser von dem zu prüfenden Gewebe angefertigt, gewogen und auf die Becher der Probenhalterung aufgespannt. Diese sind, wie in Abbildung 2.10 zu sehen, um 15° zur Vertikalen gekippt, um Oberflächenwasser ablaufen zu lassen, dass durch die, aus 1,5 m Höhe fallenden, Wassertropfen entsteht.

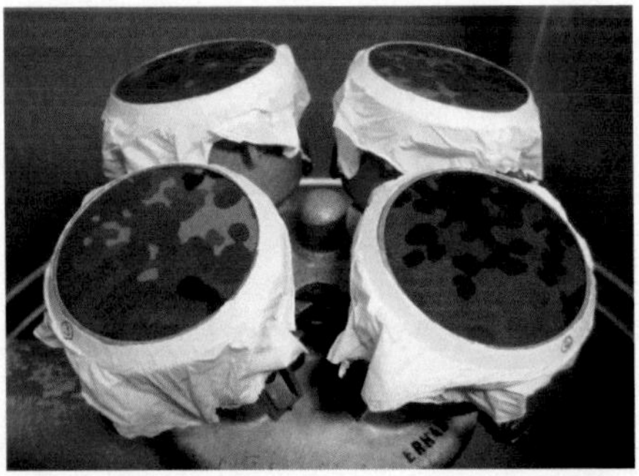

Abbildung 2.10: *Einspannvorrichtung des Bundesmann-Apparates für Rundschnitte.*

Die gesamte Einspannvorrichtung dreht sich während der Prüfung um die eigene vertikale Achse, damit eine gleichmäßige Beregnung der Proben gewährleistet ist. Zusätzlich bewegen sich währenddessen Drehkreuze hin und her, die von unten gegen das Textil drücken und damit das Tragen simulieren.

Jeweils nach einer Minute und nach zehn Minuten werden die Probenoberflächen mit Referenzfotografien verglichen und einer der fünf Bewertungsstufen zugeordnet, die vom vollständigen Benetzen der Probe bis zum lebhaften Abperlen von kleinen Tropfen reichen. Nach zehn Minuten wird die Beregnung dann gestoppt und die Proben werden der Einspannvorrichtung entnommen. Mit einer Schleudervorrichtung wird noch aufliegendes Oberflächenwasser von den Rundschnitten entfernt, die danach hinsichtlich ihrer Wasseraufnahme gewogen werden. Ebenso wird das Volumen des in den Bechern befindlichen Wassers gemessen, um den Wasserdurchlauf festzustellen.

Mit der Oleophobie-Prüfung nach DIN EN ISO 14419 kann der ölabweisende Charakter eines Textils eingestuft werden. Dazu werden Tropfen unterschiedlicher Kohlenwasserstoffe aufgebracht und ihr Verhalten innerhalb von 30 s beobachtet, beginnend mit der Prüfflüssigkeit Nr. 1 mit der höchsten Oberflächenspannung. Mit Hilfe der Referenzfotografie aus Abbildung 2.11 werden die Tropfen dann bewertet. Wenn das Textil die Prüfflüssigkeit besteht, wird mit dem Kohlenwasserstoff mit der nächsthöheren Nummer fortgefahren. Das wird solange fortgeführt, bis das Textil bei den Tropfen einer Flüssigkeit eine sichtbare Dochtwirkung zeigt. Aus der Nummer der Flüssigkeit, die das Gewebe noch nicht benetzt, ergibt sich dann der Grad der Oleophobie des Prüflings.

Ein weiteres Verfahren zur Bewertung der Hydrophobie ist das Sprühverfahren nach DIN EN 24920, das auch als Spraytest bekannt ist. Dabei befindet sich, wie in Abbildung 2.12 dargestellt, die Mitte der um 45° geneigeten Probe 15 cm unter einer Sprühdüse. Über den Trichter werden 250 ml Wasser gleichmäßig eingefüllt, wodurch sich eine Sprühdauer von 25 bis 30 s ergibt.

Danach wird, durch Klopfen der Halterung samt Probe an einem massiven Gegenstand, Oberflächenwasser entfernt und die Meßprobe, ähnlich wie bei der Bundesmannprüfung, mit Referenzfotografien verglichen und benotet.

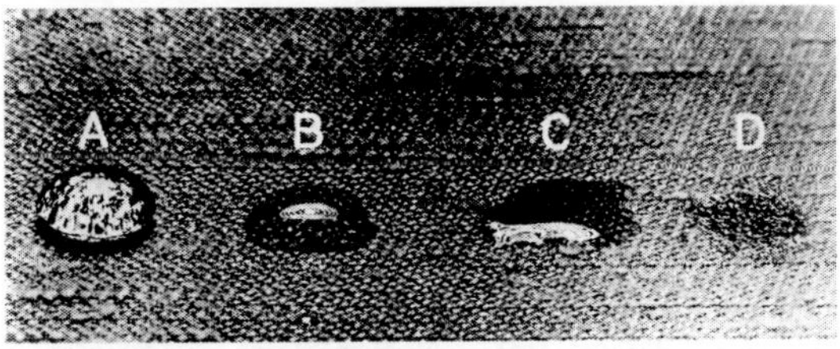

Abbildung 2.11: *Fotografie aus der DIN EN ISO 14419 zur Bewertung der Oleophobie (A = bestanden; klarer, gut abgerundeter Tropfen; B = noch bestanden; rundlicher Tropfen mit teilweiser Dunkelfärbung; C = nicht bestanden; sichtbare Dochtwirkung und/ oder vollständige Benetzung; D = nicht bestanden; vollständige Benetzung).*

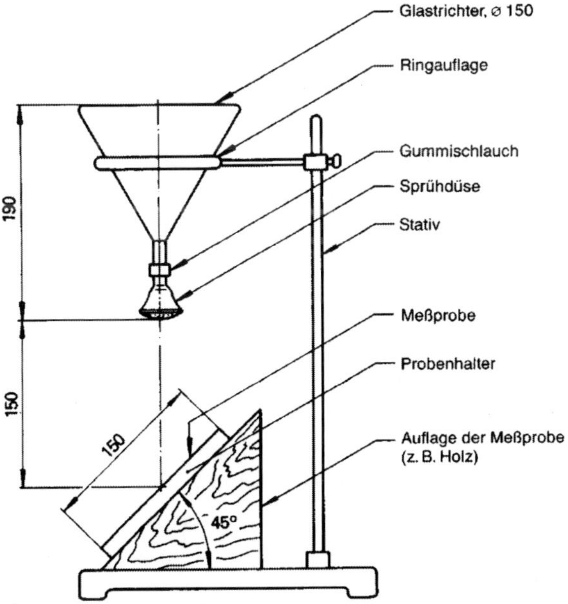

Abbildung 2.12: *Schema aus der DIN EN 24920 für die Prüfvorrichtung des Sprühverfahrens (Maße in mm).*

3 ERGEBNISDARSTELLUNG

Nun werden die Ergebnisse der durchgeführten Versuche präsentiert. Die Gliederung orientiert sich dabei an den angewandten Analyse- und Prüfverfahren, wird aber noch in zwei Schwerpunktthemen unterteilt: die Ursachenfindung für den Verlust der Hydrophobie und die Prüfung von reimprägniertem Probenmaterial.

3.1 Ursachenfindung für Hydrophobie-Verlust

Die hier aufgeführten Untersuchungen sollen die Frage klären, warum die Hydrophobie von ausgerüsteten Textilien nach der Wäsche abnimmt. Hierfür findet das Probenmaterial Verwendung, das bereits von einer vorangegangenen Diplomarbeit vorliegt [2]. Weil damals einige unterschiedliche Parameter geprüft wurden, die Ergebnisse aber oft nur indifferent waren und der Verlust der Hydrophobie durchweg bei allen Varianten nach der ersten Wäsche auftrat, werden bei der Auswahl des Probenmaterials[c] die Art des verwendeten Boosters, sowie die Form der Wärmenachbehandlung nicht berücksichtigt. Es wird hauptsächlich zwischen C6- und C8-Chemie, sowie dem verwendeten Gewebe und seinem Zustand unterschieden. Trotzdem wird darauf geachtet, dass die Proben innerhalb einer Analyse oder Prüfung von ein und derselben Charge stammen. Eine Ausnahme bilden, aufgrund der begrenzten Menge des vorliegenden Materials, die Proben, die bei der Reimprägnierung Verwendung finden.

3.1.1 Hochgeschwindigkeits-Aufnahmen (HS)

Die deutlichsten Unterschiede, die in früheren Arbeiten bezüglich der Hydrophobie festgestellt worden sind, resultieren aus den Ergebnissen der Bundesmann-Prüfung. Um dort einen Einblick in das Verhalten eines Tropfens beim Aufprall zu bekommen, werden Hochgeschwindigkeits-Aufnahmen mit 2000 Bildern pro Sekunde gemacht.

[c] s. Anhang A

Aufgrund der begrenzten Tiefenschärfe des verwendeten Objektivs muss die Kamera für brauchbare Bilder einen Abstand von ca. 20 cm haben und so senkrecht wie möglich zur betrachteten Oberfläche ausgerichtet werden. Das ist wegen Platzmangel in der Wanne des Bundesmann-Apparates nicht realisierbar, sodass der Versuch andernorts aufgebaut und die Wassertropfen manuell aus 1,5 m Höhe auf die textile Oberfläche fallen gelassen werden. Für diesen Zweck wird eine Einweg-Pipette verwendet, die Tropfen von ca. 0,05 ml erzeugt, ähnlich wie die Tropfenformer der Beregnungseinrichtung nach Bundesmann. Um den Bedingungen bei der Beregnungsprüfung so nahe wie möglich zu kommen, wird die abnehmbare Probenaufnahmevorrichtung zur Hilfe genommen, in der die Gewebeproben eingespannt werden können. Somit ist der Neigungswinkel der Textilie von 15° und eine gleichbleibende Vorspannung des Gewebes gewährleistet.

Untersucht werden in dieser Versuchsreihe CO/ PES- und AR/ CV-FR-Gewebe, die mit einer C6- oder C8-Ausrüstung versehen sind. Aus den bereits vorhandenen Rundschnitten werden sowohl diejenigen ausgewählt, die einem neu ausgerüsteten Textil entsprechen, als auch solche, die fünfmal gewaschen worden sind. Die Ergebnisse sind in den Bildabfolgen der Abbildungen 3.1 bis 3.4 zu sehen. Ebenso wird in Abbildung 3.5 der Einfluss der Fallhöhe dargestellt. Dies geschieht beispielhaft anhand eines mit C6-Chemie ausgerüsteten und fünfmal gewaschenen AR/ CV-FR-Gewebes.

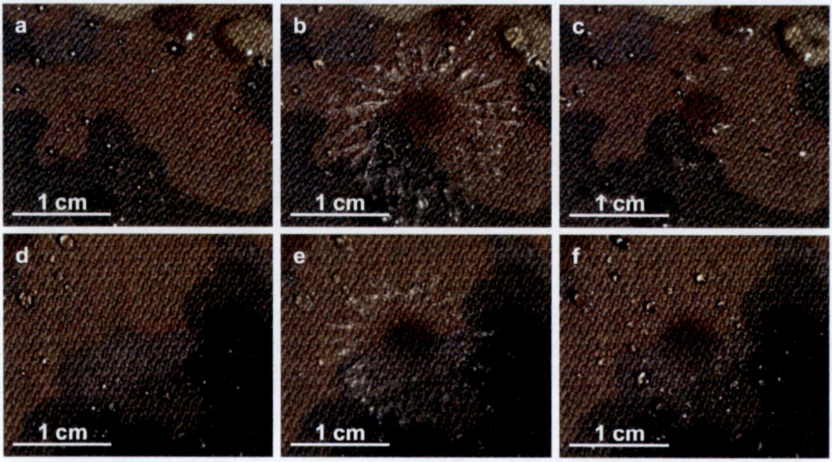

Abbildung 3.1: *HS-Aufnahmen von CO/ PES mit C6-Ausrüstung. Neuzustand: (a) vorher, (b) ca. 2,5 ms nach Erstkontakt, (c) danach. Nach fünf Wäschen: (d) vorher, (e) ca. 2,5 ms nach Erstkontakt, (f) danach.*

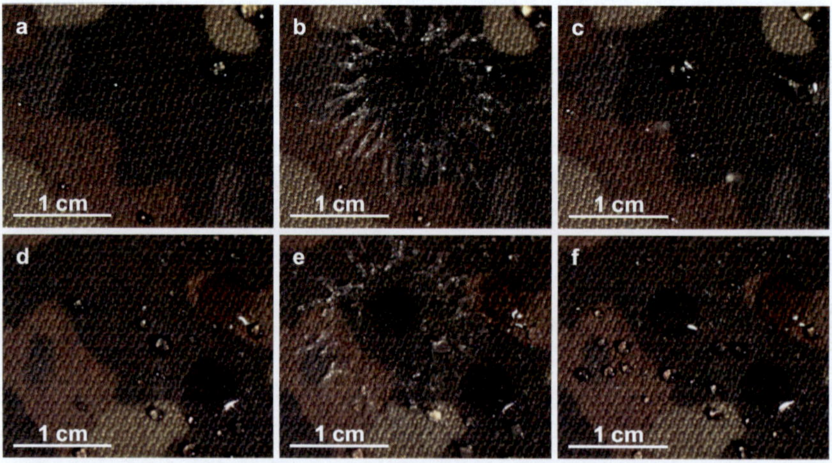

Abbildung 3.2: *HS-Aufnahmen von CO/ PES mit C8-Ausrüstung. Neuzustand: (a) vorher, (b) ca. 2,5 ms nach Erstkontakt, (c) danach. Nach fünf Wäschen: (d) vorher, (e) ca. 2,5 ms nach Erstkontakt, (f) danach.*

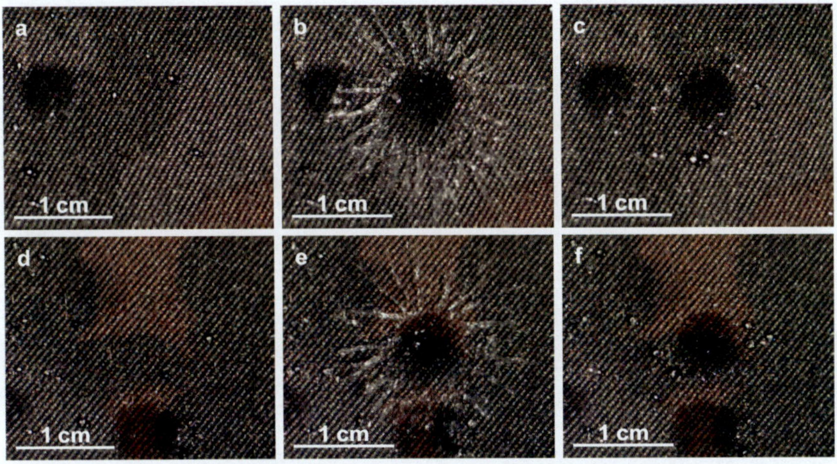

Abbildung 3.3: *HS-Aufnahmen von AR/ CV-FR mit C6-Ausrüstung. Neuzustand: (a) vorher, (b) ca. 2,5 ms nach Erstkontakt, (c) danach. Nach fünf Wäschen: (d) vorher, (e) ca. 2,5 ms nach Erstkontakt, (f) danach.*

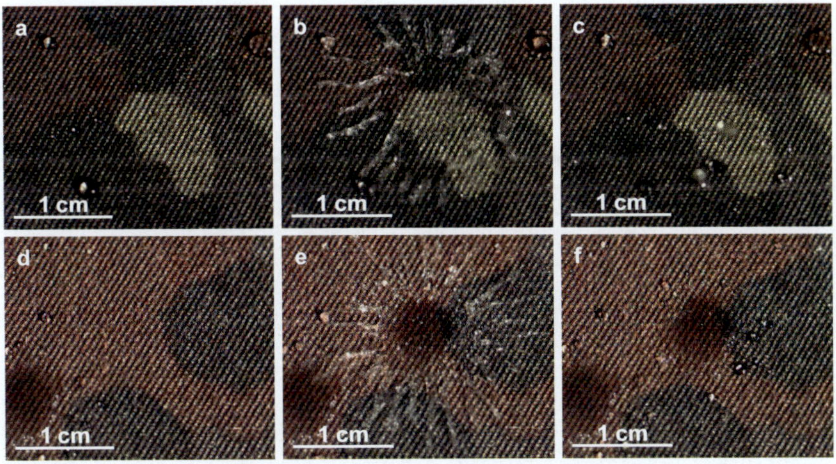

Abbildung 3.4: *HS-Aufnahmen von AR/ CV-FR mit C8-Ausrüstung. Neuzustand: (a) vorher, (b) ca. 2,5 ms nach Erstkontakt, (c) danach. Nach fünf Wäschen: (d) vorher, (e) ca. 2,5 ms nach Erstkontakt, (f) danach.*

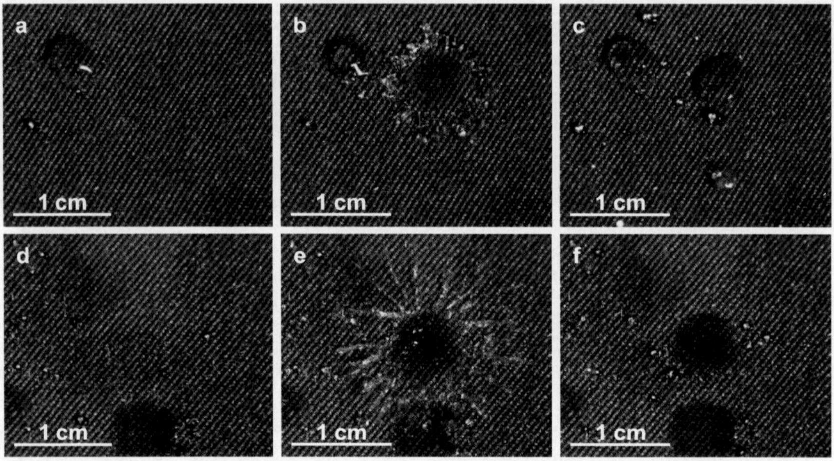

Abbildung 3.5: *HS-Aufnahmen von fünfmal gewaschenem AR/ CV-FR mit C6-Ausrüstung.*
Tropfenfallhöhe 25 cm: (a) vorher, (b) ca. 2,5 ms nach Erstkontakt, (c) danach.
Tropfenfallhöhe 1,5 m: (d) vorher, (e) ca. 2,5 ms nach Erstkontakt, (f) danach.

Betrachtet man die Aufnahmen fällt zunächst auf, dass die C6-Ausrüstung bereits im Neuzustand eine Penetration beider Gewebe durch den Primärtropfen zulässt, was an der Verdunkelung des Textils zu erkennen ist. Bei den mit C8 ausgerüsteten Geweben ist dagegen im Neuzustand ein vollständig wasserabweisendes Verhalten zu sehen, das allerdings nach fünf Wasch- und Trocknungsgängen auch dort kaum noch vorhanden zu sein scheint. Jedoch bleiben bei allen geprüften Textilproben die kleineren Sekundärtropfen, die beim Aufschlag des Primärtropfens entstehen, mit relativ hohem Kontaktwinkel auf der Oberfläche sitzen.

3.1.2 Rasterelektronenmikroskopie (REM)

Mit der Rasterelektronenmikroskopie werden die Textilproben auf Veränderungen in ihrer Oberflächenstruktur untersucht. Dazu werden aus dem Gewebe Stücke von ca. 5x5 mm herausgeschnitten und mit Hilfe von Kohlenstoffpads auf dem Probenträger des Rasterelektronenmikroskops befestigt. Um störende Aufladungseffekte bei den nicht leitenden Textilien zu verringern, werden sie noch zusätzlich mit Gold besputtert.

Auch im Laufe dieser Untersuchungen werden CO/ PES- und AR/ CV-FR-Gewebe sowohl unausgerüstet als auch mit C6- oder C8-Ausrüstung betrachtet. Von Interesse sind dabei die Oberflächenstrukturen im Neuzustand, sowie nach einer Wäsche und nach fünf Wäschen. Die Abbildungen 3.6 bis 3.17 zeigen jeweils den Neuzustand und den Zustand nach fünf Wäschen.

Bei den gewaschenen Proben können bereits nach der ersten Wäsche vereinzelt Beschädigungen an den textilen Fasern gefunden werden. Nach fünf Wäschen ist der Effekt dann auf der untersuchten Fläche vermehrt und gleichmäßig verteilt zu finden. Allerdings scheint sich die Fibrillierung der Oberfläche auf die Baumwoll- und Viskose-Fasern zu beschränken, die an ihrem unrunden und nierenförmigen Querschnitt zu erkennen sind.

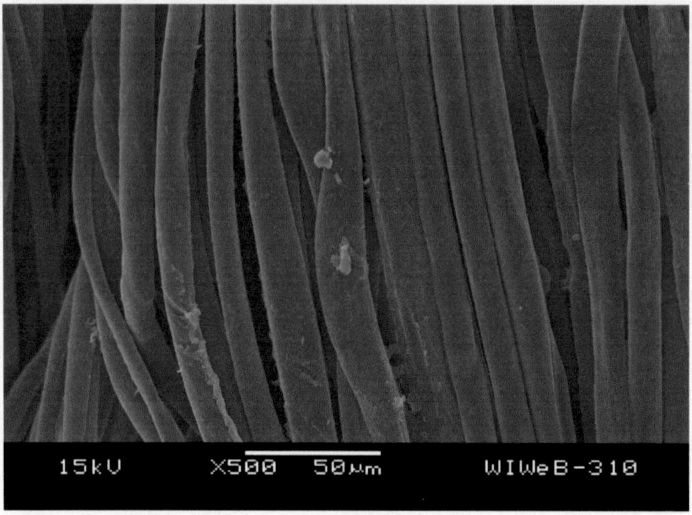

Abbildung 3.6: *REM-Aufnahme von unausgerüstetem CO/ PES-Gewebe im Neuzustand.*

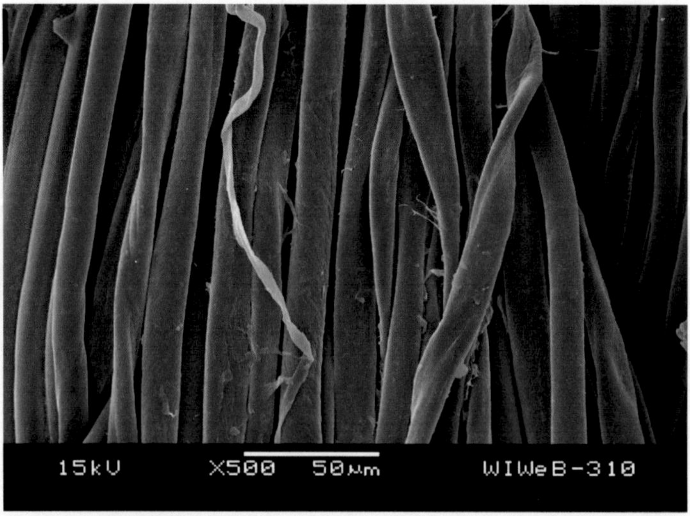

Abbildung 3.7: *REM-Aufnahme von unausgerüstetem CO/ PES-Gewebe nach fünf Wäschen.*

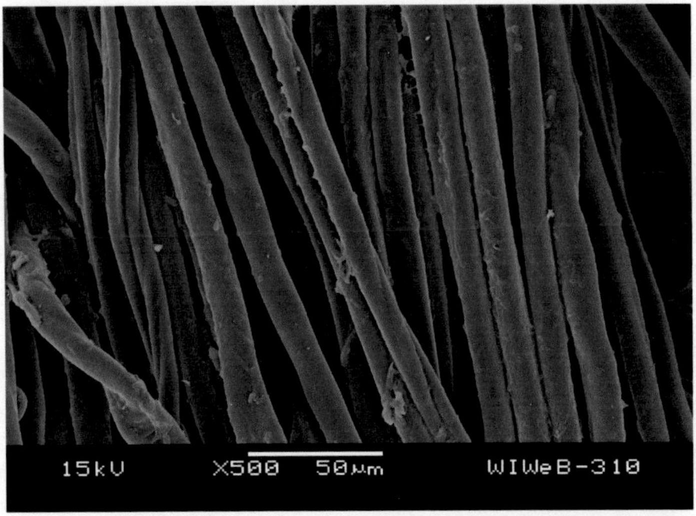

Abbildung 3.8: *REM-Aufnahme von CO/ PES-Gewebe mit C6-Ausrüstung im Neuzustand.*

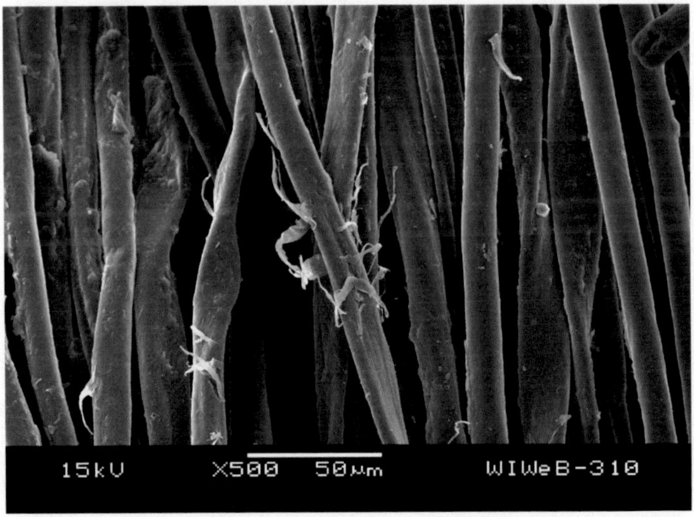

Abbildung 3.9: *REM-Aufnahme von CO/ PES-Gewebe mit C6-Ausrüstung nach fünf Wäschen.*

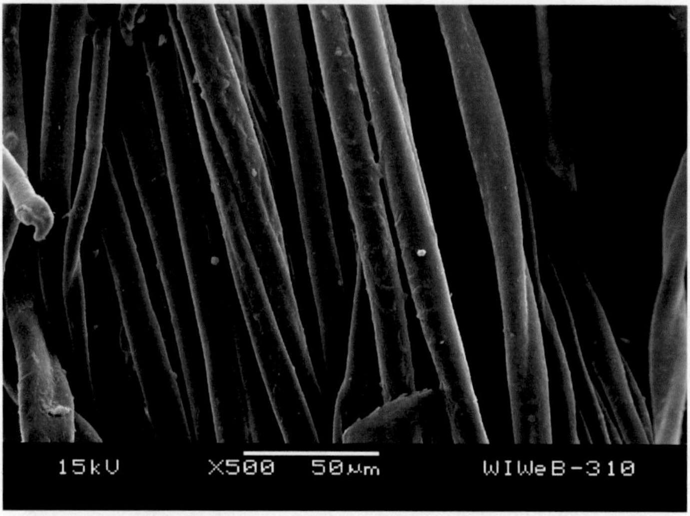

Abbildung 3.10: *REM-Aufnahme von CO/ PES-Gewebe mit C8-Ausrüstung im Neuzustand.*

Abbildung 3.11: *REM-Aufnahme von CO/ PES-Gewebe mit C8-Ausrüstung nach fünf Wäschen.*

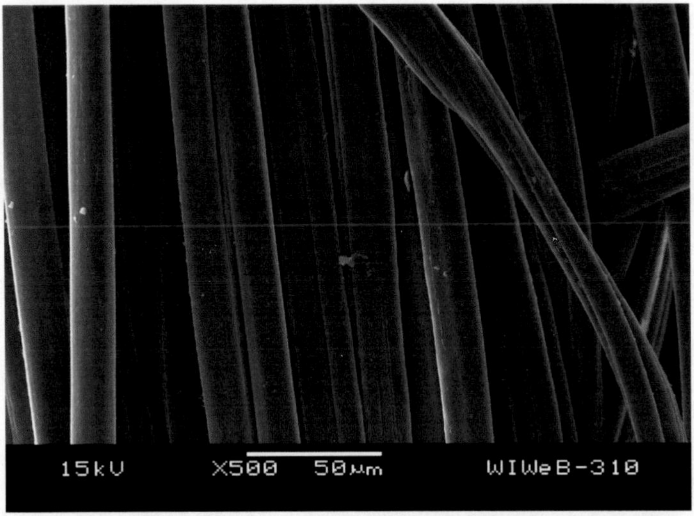

Abbildung 3.12: *REM-Aufnahme von unausgerüstetem AR/ CV-FR-Gewebe im Neuzustand.*

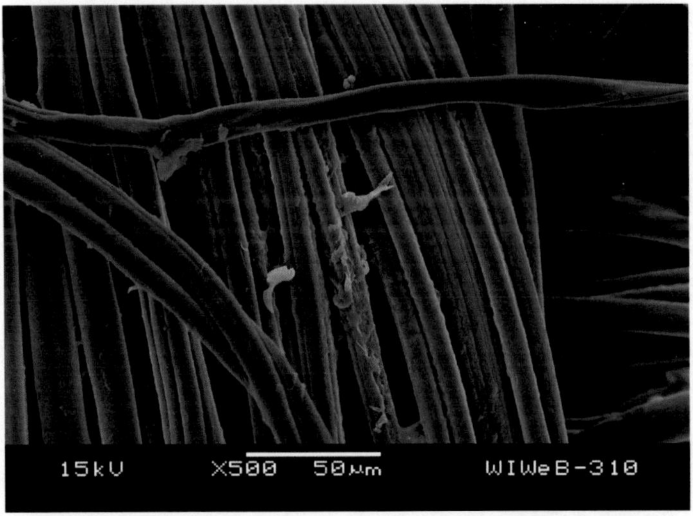

Abbildung 3.13: *REM-Aufnahme von unausgerüstetem AR/ CV-FR-Gewebe nach fünf Wäschen.*

Abbildung 3.14: *REM-Aufnahme von AR/ CV-FR-Gewebe mit C6-Ausrüstung im Neuzustand.*

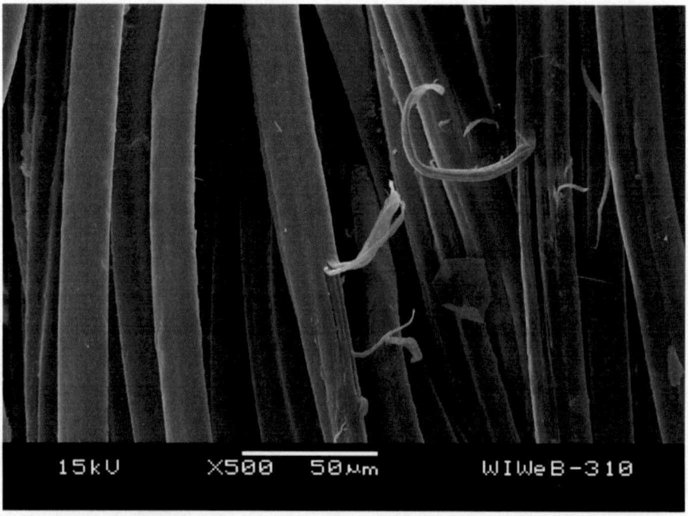

Abbildung 3.15: *REM-Aufnahme von AR/ CV-FR-Gewebe mit C6-Ausrüstung nach fünf Wäschen.*

Abbildung 3.16: *REM-Aufnahme von AR/ CV-FR-Gewebe mit C8-Ausrüstung im Neuzustand.*

Abbildung 3.17: *REM-Aufnahme von AR/ CV-FR-Gewebe mit C8-Ausrüstung nach fünf Wäschen.*

Um Aussagen über die Schichtdicke der Fluorcarbon-Ausrüstung zu ermöglichen, werden zusätzlich Querschnittsaufnahmen mit einem hochauflösenden (HD) REM gemacht. Diese werden, genauso wie die dafür notwendige Probenpräparation, von den zuständigen Mitarbeitern der Abteilung Oberflächenanalytik durchgeführt. Die Präparation ist hierbei von besonderer Bedeutung, da die zu untersuchende Schicht erwartungsgemäß gering ist und die üblichen mechanischen Verfahren wie Schneiden oder Schleifen zu einer erheblichen Deformation oder Verschmierung der Querschnittsfläche führen können. Vermieden wird das mit einem sogenannten Cross-Section-Polisher, bei dem unter Vakuum ein Argon-Ionenstrahl parallel zum Querschnitt auf die Probe trifft. So wird, unter Verwendung einer aufliegenden Blende, eine glatte Fläche herausgearbeitet, die weitestgehend unverfälscht ist und damit dem tatsächlichen Zustand der Probe entspricht.

Die Textilproben werden auch hier mit Gold besputtert, um Aufladungseffekte zu verringern, und anschließend zur besseren Handhabung in Epoxydharz eingebettet, das mit Silberpartikeln versehen ist. Diese Partikel wirken ebenfalls einer Aufladung entgegen. Nach dem darauffolgenden Ionenätzen durch den Cross-Section-Polisher wird die Oberfläche der sichtbaren Silberpartikel mit einem Sauerstoffplasma oxidiert, um mit dem HD-REM einen besseren Kontrast zu erzielen.

Bei der Betrachtung des Querschnitts stellt sich heraus, dass die Ausrüstung nur auf den äußeren Fasern des Garns vorhanden ist und oft, wie in den Abbildungen 3.18 und 3.19 zu sehen, stark schwankende Schichtdicken von ca. 0,1 bis 1,5 µm aufweist.

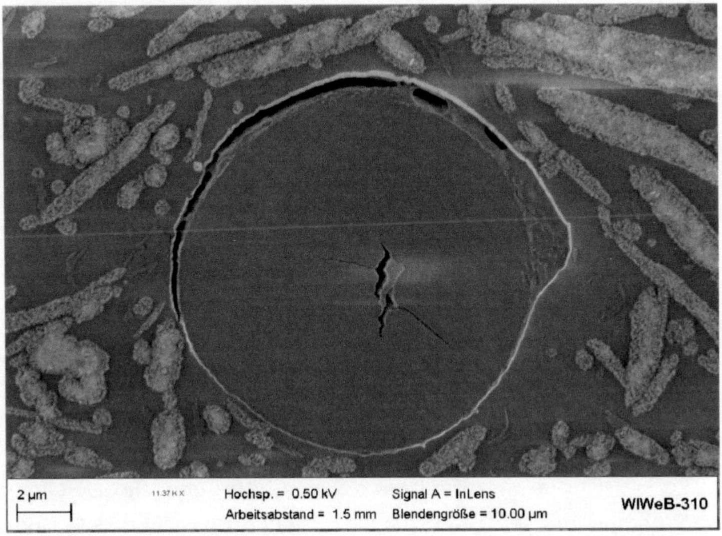

Abbildung 3.18: *HD-REM-Aufnahme vom Querschnitt einer ausgerüsteten PES-Faser.*

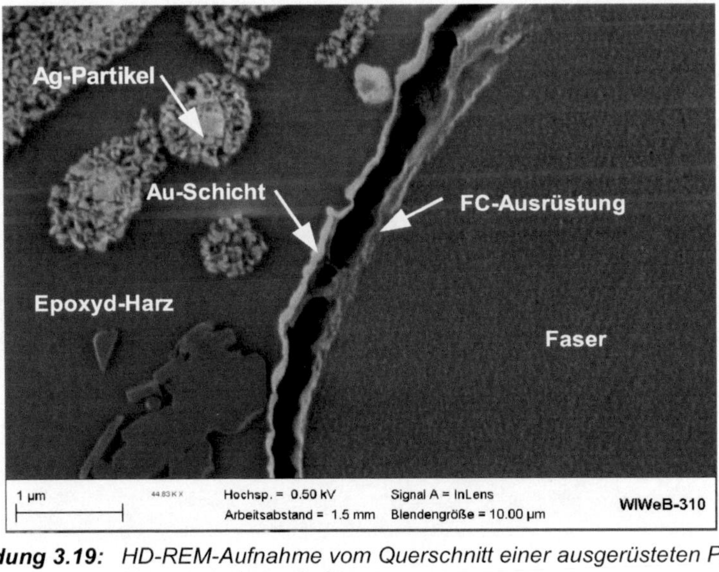

Abbildung 3.19: *HD-REM-Aufnahme vom Querschnitt einer ausgerüsteten PES-Faser in höherer Auflösung.*

3.1.3 Röntgenphotoelektronenspektroskopie (XPS)

Inwiefern die ausgerüsteten Textilien durch das Waschen eine Veränderung aus chemischer Sicht erfahren, soll durch XPS-Analysen geklärt werden. Dazu werden von jeder Probenvariante zwei Stücke von je ca. 5x5 mm vorbereitet. Die jeweilige Probe wird auf einen Träger geklemmt und dann zunächst zum Ausgasen für mindestens sechs Stunden in die Vorkammer des Analyseapparates gegeben.

Danach kann der Träger samt Probe in die Hauptkammer, in der ein Druck von ca. 10^{-8} mbar herrscht, eingeschleust und die Magnesium-Quelle aktiviert werden, die Photonen mit einer Energie von 1253,6 eV erzeugt [9]. Anschließend wird mit Hilfe der Analyse-Software die Aufnahme der Spektren gestartet, zu denen das Übersichts-Spektrum, das beispielhaft in Abbildung 3.20 zu sehen ist, sowie die C1s-, O1s-, F1s- und FKLL-Feinspektren gehören. Während bei jeder Analyse der Bereich des Übersichts-Spektrums automatisch fünfmal gescannt wird, werden die Feinspektren jeweils als Mittel aus 10 Scans gebildet.

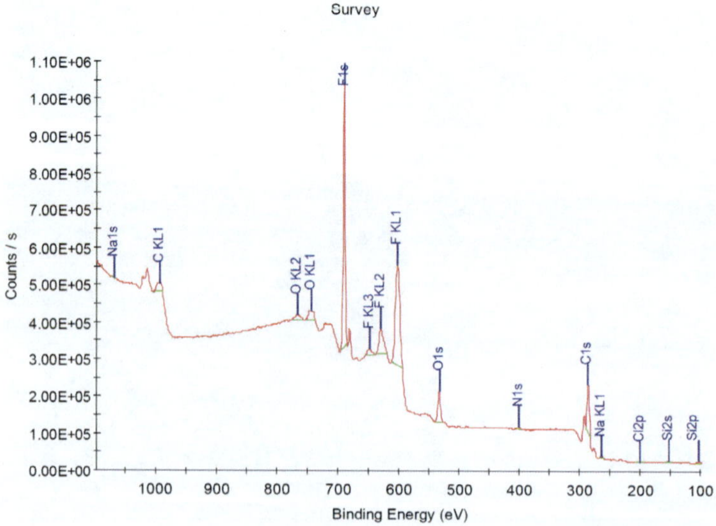

Abbildung 3.20: *XPS-Übersichtsspektrum eines mit C8 ausgerüsteten AR/ CV-FR-Gewebes.*

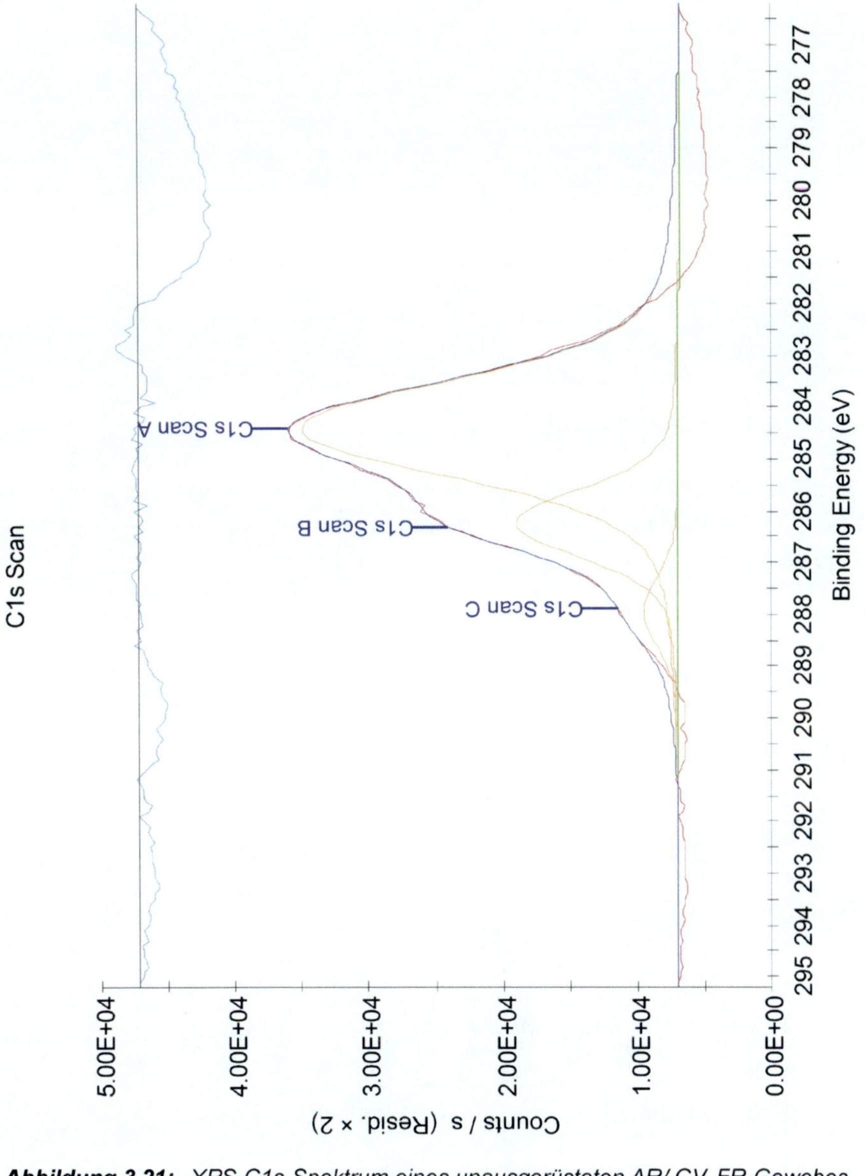

Abbildung 3.21: *XPS-C1s-Spektrum eines unausgerüsteten AR/ CV-FR-Gewebes (inkl. Peak-Entfaltung).*

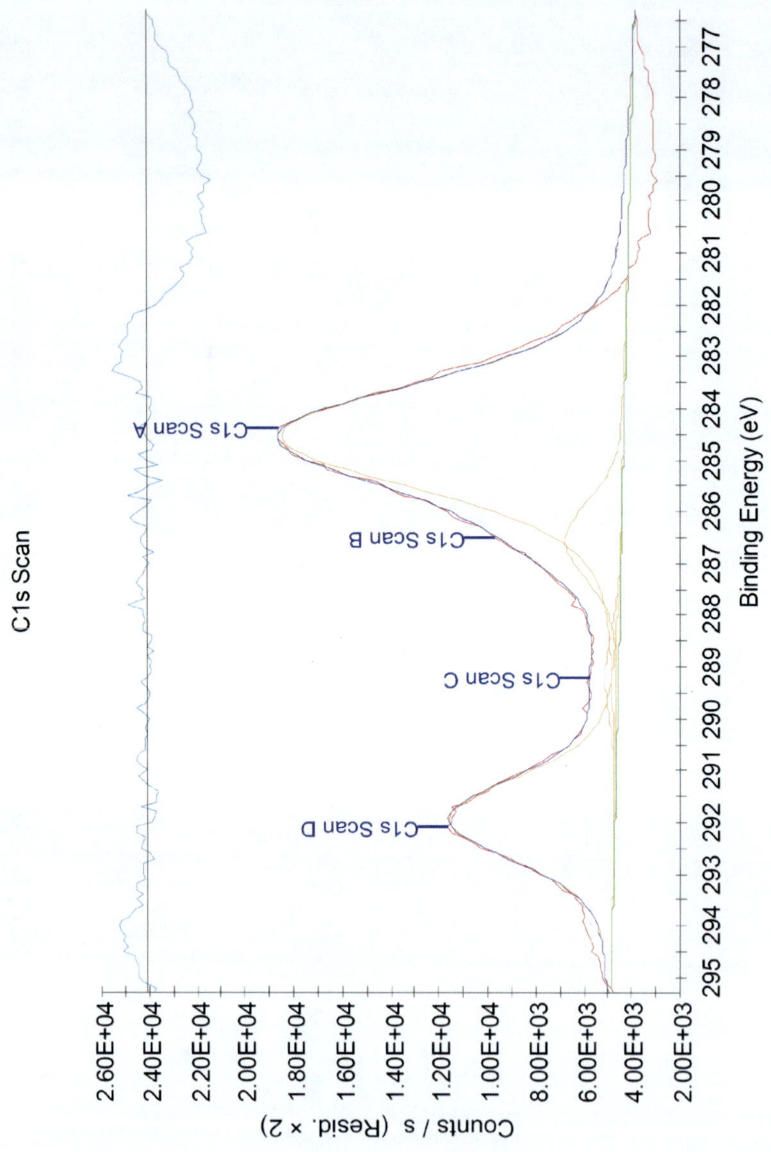

Abbildung 3.22: *XPS-C1s-Spektrum eines mit C8 ausgerüsteten AR/ CV-FR-Gewebes (inkl. Peak-Entfaltung).*

In den Übersichtsspektren sind vereinzelt Na-, Cl-, sowie Si-Peaks sichtbar, die aber auf Verschmutzungen durch bloßes Anfassen zurückgeführt werden können. Für die Auswertung sind hauptsächlich die C1s-Feinspektren von Interesse, die jeweils zusätzlich einer Peak-Entfaltung unterzogen werden, wie es z.B. in den Abbildungen 3.21 und 3.22 zu sehen ist.

Tabelle 3.1: *Kohlenstoff-Sauerstoff-Bindungen und ihre C1s-Bindungsenergien. [14]*

Bindung	Bindungsenergie [eV]
C-O (Hydroxy)	286,1
C=O (Carbonyl)	287,5
O-C=O (Carboxy)	288,9

Tabelle 3.2: *Relation der Peakflächen von verschiedenen Kohlenstoff-Verbindungen zum C-C- bzw. C-H-Peak.*

Probe			Relation zu C-C bzw. C-H			
			C-O	C=O	O-C=O	F-C-F
CO/ PES	unausgerüstet		0,278 ± 0,101	0,052 ± 0,002	---	---
	C6-Ausrüstung	neu	0,092 ± 0,012	---	0,034 ± 0,017	0,309 ± 0,092
		1W	0,121 ± 0,066	---	0,031 ± 0,016	0,312 ± 0,026
		5W	0,149 ± 0,015	---	0,046 ± 0,010	0,373 ± 0,103
	C8-Ausrüstung	neu	0,126 ± 0,115	---	0,036 ± 0,033	0,482 ± 0,291
		1W	0,105 ± 0,059	---	0,019 ± 0,001	0,354 ± 0,053
		5W	0,182 ± 0,033	---	0,026 ± 0,002	0,476 ± 0,130
AR/ CV-FR	unausgerüstet		0,427 ± 0,169	0,071 ± 0,006	---	---
	C6-Ausrüstung	neu	0,130 ± 0,010	---	0,034 ± 0,002	0,292 ± 0,054
		1W	0,089 ± 0,001	---	0,019 ± 0,001	0,296 ± 0,046
		5W	0,082 ± 0,001	---	0,022 ± 0,017	0,373 ± 0,083
	C8-Ausrüstung	neu	0,068 ± 0,050	---	0,052 ± 0,071	0,370 ± 0,053
		1W	0,090 ± 0,034	---	0,021 ± 0,013	0,252 ± 0,096
		5W	0,126 ± 0,004	---	0,019 ± 0,019	0,378 ± 0,001

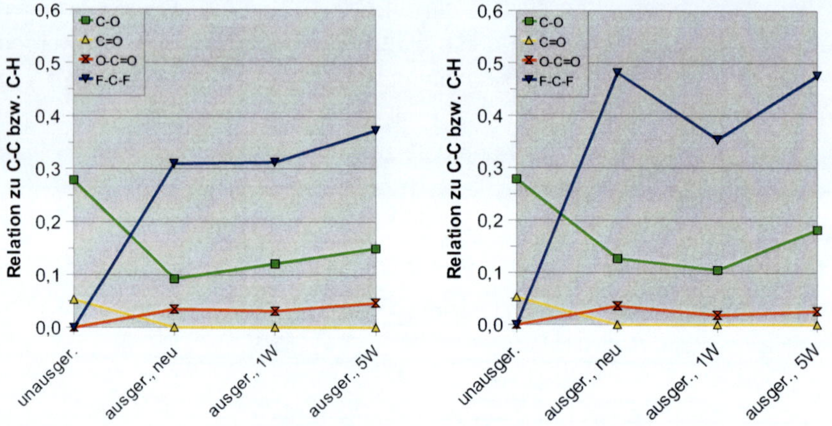

Abbildung 3.23: *XPS-Auswertung für CO/ PES (links C6-, rechts C8-Chemie).*

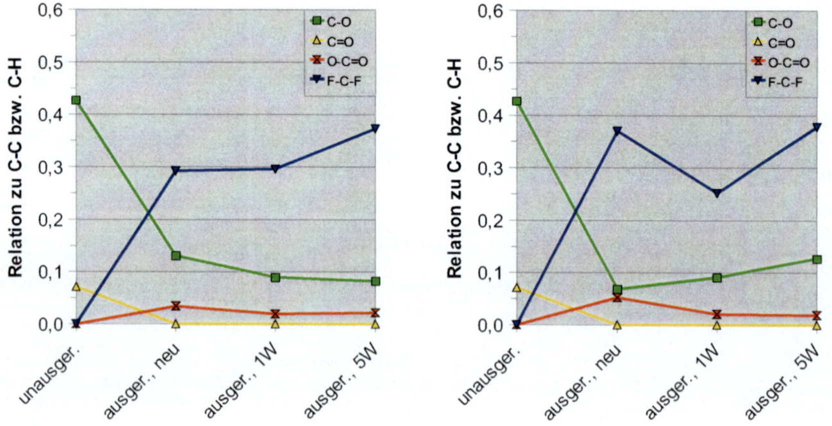

Abbildung 3.24: *XPS-Auswertung für AR/ CV-FR (links C6-, rechts C8-Chemie).*

Während die Peaks bei ca. 285 eV aus der C-C- bzw. C-H-Bindung und die bei ca. 292 eV aus der C-F_2-Bindung resultieren, können mit Hilfe von Tabelle 3.1 die Restlichen den unterschiedlichen Bindungsmöglichkeiten zwischen Kohlenstoff und Sauerstoff zugeordnet werden. Da die Intensität der Peaks vom Abstand zwischen Röntgen-Quelle und Probe abhängt und somit kein direkter Vergleich zwischen den einzelnen Analysen möglich ist, werden die Peakflächen für die C-O- und C-F_2-Verbindungen in Relation zu den jeweiligen C-C- bzw. C-H-Peaks gebracht. Die so erhaltenen Werte sind in Tabelle 3.2 aufgeführt und werden in den Abbildungen 3.23 und 3.24 visualisiert.

Die Ergebnisse, wie sie von der XPS-Anlage des Instituts erhalten werden, geben allerdings nur den Zustand an einer Stelle der Probe wieder, was bei einem sogenannten Mapping-Verfahren nicht der Fall ist. Dort wird der Röntgenstrahl über die Probe gerastert, wodurch zweidimensional Informationen über sie gewonnen werden.

Zu diesem Zweck werden an die Fa. ThermoFisher unterschiedliche Proben zur Analyse geschickt. Bei den Proben handelt es sich um mit C8 ausgerüstete CO/ PES-Gewebe im Neuzustand und nach fünf Wäschen, sowie um unausgerüstetes Textil. Mit den auf diese Weise aufgenommenen Spektren können verschiedene Phasen bzw. lokale Differenzen auf der Probenoberfläche ausgemacht werden, wie es in den Abbildungen 3.25 bis 3.27 zu sehen ist, die dem Protokoll[d] entnommen sind. Die dabei festgestellten Phasen sind trotz gleicher Nomenklatur unterschiedlich, sodass die Analysen diesbezüglich getrennt voneinander zu betrachten sind.

[d] s. Anhang C

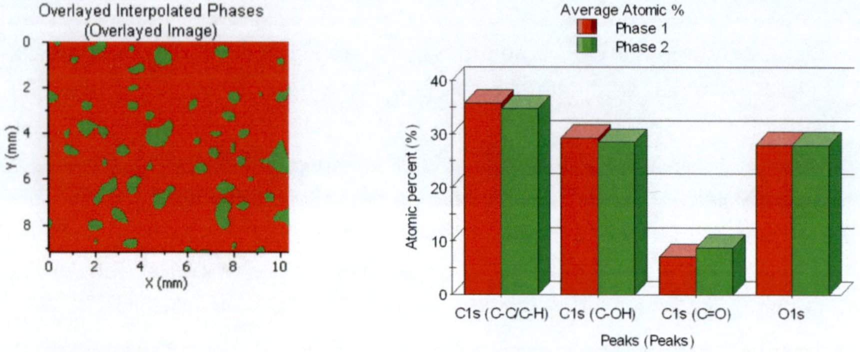

Abbildung 3.25: *XPS-Mapping der unausgerüsteten CO/ PES-Probe.*

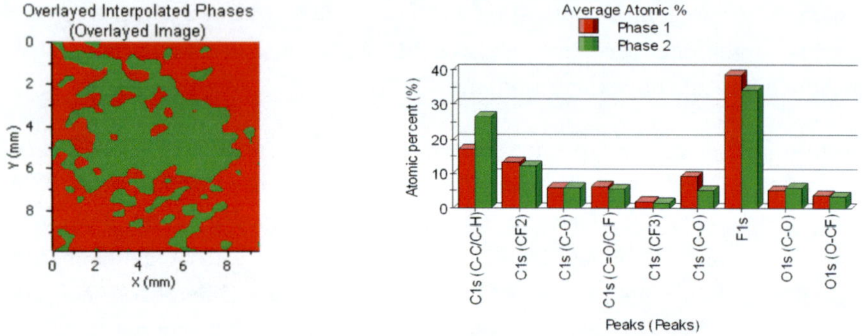

Abbildung 3.26: *XPS-Mapping der mit C8 ausgerüsteten CO/ PES-Probe im Neuzustand.*

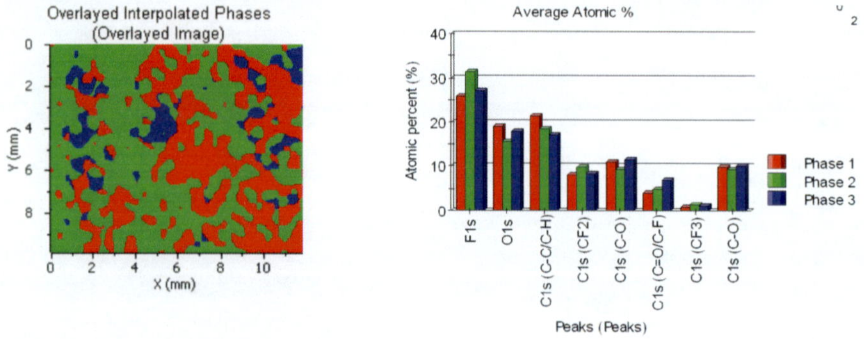

Abbildung 3.27: *XPS-Mapping der mit C8 ausgerüsteten CO/ PES-Probe nach fünf Wäschen.*

3.1.4 Ionenaustauschchromatographie (IC) und Emissionsspektrometrie (ICP-OES)

Die chromatographischen Analysen zur Fluorbestimmung werden bei der Abteilung für chemische Analytik veranlasst. Zur Analyse werden unbehandelte und neu ausgerüstete, sowie ausgerüstete Textilien nach fünf Wäschen gegeben.

Bei den verwendeten Proben handelt es sich um gestanzte Rundschnitte mit einem Durchmesser von 15 mm. Diese werden von dem Laborpersonal im sogenannten Schmelzaufschluss aufgelöst, bei dem die Textilproben in geschlossenen Platin-Tiegeln mit je ca. 1,5 g einer Na_2CO_3/K_2CO_3-Mischung bedeckt sind. Nach 30 min bei 900 °C wird der Schmelzaufschluss in destilliertem Wasser gelöst und auf 100 ml Messvolumen aufgefüllt. Diese Lösung wird dann in einem Chromatographen hinsichtlich der Massenkonzentration an Fluorid analysiert. Die dazugehörigen Ergebnisse sind in Tabelle 3.3 zu finden. Eine emissionsspektrometrische Analyse der Proben wird durch das zuständige Laborpersonal im Anschluss durchgeführt, um die in Tabelle 3.4 aufgeführten Elemente nachzuweisen, die eventuell auf Resttenside schließen lassen, wie z.B. Schwefel oder Bor.

Tabelle 3.3: *Ionenchromatographische Analyse verschiedener Textilproben.*

Probe		Anzahl Mess.	w(Fluorid) [Gew.-%]	s_{n-1} [%]
CO/ PES	unausger.	2	< 0,01	-
	C8 neu	3	0,12	0,02
	C8 5W	3	0,13	0,02
AR/ CV-FR	unausger.	2	< 0,01	-
	C8 neu	3	0,26	0,03
	C8 5W	3	0,20	0,02

Tabelle 3.4: *Emissionsspektrometrische Analysen verschiedener Textilproben.*

Probe		Anzahl Mess.	w(S) [Gew.-%]	w(Mg) [Gew.-%]	w(Ca) [Gew.-%]	w(B) [Gew.-%]
CO/ PES	unausger.	2	< 0,1	< 0,1	< 0,1	< 0,1
	C8 neu	3	< 0,1	< 0,1	< 0,1	< 0,1
	C8 5W	3	< 0,1	< 0,1	< 0,1	< 0,1
AR/ CV-FR	unausger.	2	1,36	< 0,1	0,14	< 0,1
	C8 neu	3	1,51	< 0,1	0,13	< 0,1
	C8 5W	3	1,38	< 0,1	0,11	< 0,1

3.1.5 Soxhlet-Extraktion und Messung der Oberflächenspannung

Um den Einfluss von möglichen Resttensiden genauer zu untersuchen, werden von unterschiedlichen Textilproben jeweils drei Abschnitte mit den Maßen 50x100 mm vorbereitet, gewogen und in den sogenannten Soxhlet-Extraktor gegeben. Der Aufbau ist in Abbildung 3.28 dargestellt und zeigt unter anderem den Extraktor, dessen Funktionsprinzip eine Extraktion ohne ständiges Nachfüllen von Lösungsmittel ermöglicht. Das Lösungsmittel, in diesem Fall 250 ml voll entsalztes (VE) Wasser, befindet sich im Glaskolben und wird durch eine Heizplatte zum Sieden gebracht. Der Dampf steigt im seitlichen Rohr nach oben, kondensiert an der Kühlspirale und füllt den oberen Behälter, in dem sich die Zellstoffhülse mit der Textilprobe befindet. Wenn der Füllstand den Wendepunkt der schmalen Steigröhre erreicht, sorgen Schwerkraft und Unterdruck dafür, dass das Extrakt aus dem oberen Behälter abgeführt wird und sich im Kolben aufkonzentriert, da das Lösungsmittel weiterhin verdampft und somit der Kreislauf immer wieder durchlaufen wird.

Die Extraktion dauert sechs Stunden und wird in Anlehnung an die DIN 54278-1 für Auflagerungen und Begleitstoffe durchgeführt, laut der sie mit mindestens fünf bis sechs Überläufen pro Stunde stattfinden soll. Danach wird das Extrakt in Flaschen abgefüllt und zunächst für mindestens einen Tag zum Abkühlen stehen gelassen. Proben des verwendeten VE-Wassers werden ebenfalls zur Analyse entnommen.

Abbildung 3.28: *Versuchsaufbau für Soxhlet-Extraktion (links), Tensiometer zur Bestimmung der Oberflächenspannung von Flüssigkeiten (rechts).*

Anschließend wird mit dem Tensiometer, das auch in Abbildung 3.28 zu sehen ist, die Oberflächenspannung des Extrakts mit Hilfe der Ring-Methode ermittelt. Dabei wird darauf geachtet, dass die Temperatur der Flüssigkeit während der Messung 20 ± 1 °C beträgt, was über die geräteinterne Kühlung realisiert wird. Ebenso wird der Platin-Iridium-Ring vor jedem Durchgang mit VE-Wasser und Ethanol abgespült und danach ausgeglüht, um störende Rückstände von der vorherigen Messung zu entfernen.

Bei der Benetzungswaage wird zwar die eigentliche Bewegung über den Tisch ausgeführt, auf dem die Schale mit der Flüssigkeit sitzt, jedoch wird der Ablauf im Folgenden zum besseren Verständnis aus Sicht des Rings geschildert. Zu Beginn des Messdurchgangs wird der Ring in die Prüfflüssigkeit eingetaucht und dann wieder gerade soweit herausgezogen, dass er benetzt bleibt und sich die Flüssigkeitslamelle bildet. Dann erst startet die eigentliche Messung, bei der der Ring je 20 geringe Auf- und Abwärtsbewegungen macht, während derer die Kraft gemessen wird, die auf ihn wirkt. Aus den Zyklen errechnet das Programm dann die Oberflächenspannung. Auf diese Art werden pro

Flüssigkeit drei Messungen durchgeführt und deren Mittelwert gebildet. Aus den drei Mittelwerten einer Probenvariante werden dann wiederum die Mittelwerte errechnet die in Tabelle 3.5 und Abbildung 3.29 zu sehen sind.

Tabelle 3.5: *Oberflächenspannungen der Soxhlet-Extrakte.*

Probe		Gewicht der Probe [g]	Oberflächenspannung γ_l des Extrakts [mN/m]
VE-Wasser		---	70,4 ± 1,4
CO/ PES	unausgerüstet	1,526 ± 0,021	48,5 ± 2,1
	C8-Ausrüstung neu	1,654 ± 0,015	62,0 ± 1,6
	C8-Ausrüstung 5W	1,716 ± 0,004	47,3 ± 1,3
VE-Wasser		---	72,2 ± 0,3
AR/ CV-FR	unausgerüstet	1,155 ± 0,006	52,0 ± 0,7
	C8-Ausrüstung neu	1,223 ± 0,005	60,7 ± 3,6
	C8-Ausrüstung 5W	1,205 ± 0,014	45,8 ± 2,2

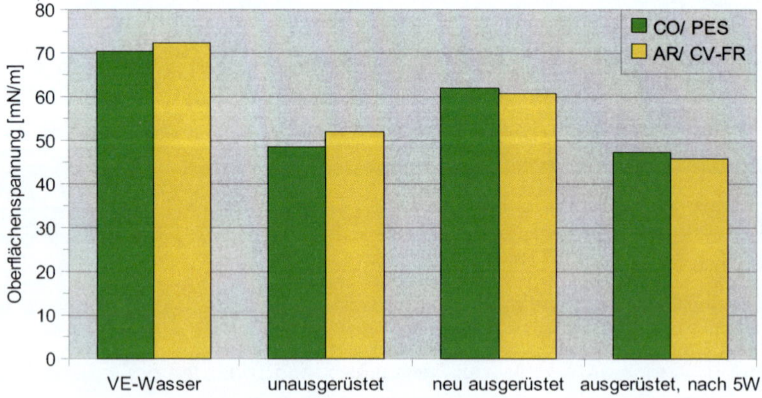

Abbildung 3.29: *Oberflächenspannung der Soxhlet-Extrakte verschiedener Textilproben, inkl. VE-Wasser als Referenzwert.*

Zum Vergleich wird der Einfluss, den eine zunehmende Menge an Waschmittel auf die Oberflächenspannung von VE-Wasser hat, in einer weiteren Versuchsreihe untersucht. Dafür werden bestimmte Mengen von Waschpulver[e] abgewogen und bei ca. 60 °C in VE-Wasser gelöst. In Tabelle 3.6 und Abbildung 3.30 sind die resultierenden Oberflächenspannungen als Mittelwert von drei Messdurchgängen zu finden, die nach einem Tag Abkühlzeit mit dem Tensiometer durchgeführt werden.

Tabelle 3.6: *Oberflächenspannungen des mit Waschmittel versetzten VE-Wassers.*

Waschmittelkonz. in VE-Wasser [g/l]	**Oberflächenspannung γ_l [mN/m]**
0,0	71,3 ± 1,4
0,004	64,7 ± 2,4
0,04	50,0 ± 0,9
0,4	33,8 ± 0,2
1,6	31,7 ± 0,1
2,8	30,6 ± 0,1
4,0	30,5 ± 0,1

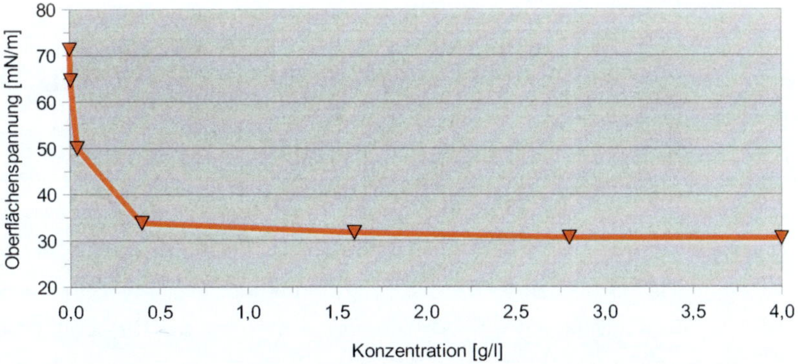

Abbildung 3.30: *Oberflächenspannung von VE-Wasser in Abhängigkeit von beigemengtem Waschmittel.*

e ECE-Bezugswaschmittel 98 (vgl. DIN EN ISO 6330)

Geht man davon aus, dass die Reduzierung der Oberflächenspannung allein auf die in Wasser gelösten Tenside zurückgeht, entspricht die Menge an Waschmittel, die für ca. 45 mN/m nötig ist, ungefähr 0,15 g/l. Bezogen auf die bei der Extraktion verwendeten 250 ml VE-Wasser als Lösungsmittel, wären das 37,5 mg für eine textile Probenfläche von 5000 mm² oder 0,75 mg/cm².

3.1.6 Kontaktwinkelmessung an PVC-Platten mit FC-Beschichtung

Um festzustellen ob sich an den fluorierten Alkylseitenketten im Laufe der Wäsche Chemikalien anlagern, die die Oberflächenenergie der Ausrüstung erhöhen, werden Kontaktwinkelmessungen vor und nach einer 2A-Normwäsche vorgenommen. Allerdings sind die Messungen an textilen Geweben nicht ohne Weiteres durchführbar, weil das Aufbringen der Tropfen einige Schwierigkeiten bereitet. Bei unausgerüsteten Textilien wird die Flüssigkeit z.B. sofort vom Gewebe absorbiert, wohingegen bei ausgerüsteten Textilien die Adhäsion zwischen Tropfen und Kanüle so groß ist, dass sich der Tropfen nicht applizieren lässt.

Deswegen werden die Messungen an PVC-Platten mit den Maßen 80x80x4 mm durchgeführt. Diese werden mit Ethanol vorgereinigt und für eine bessere Adhäsion der Beschichtung mit Atmosphärendruckplasma vorbehandelt. Dies geschieht mit Hilfe einer Rotationsdüse, die im Abstand von 20 mm einen Plasmaring von ebenfalls ca. 20 mm auf der Substratoberfläche erzeugt. Die Düse wird dabei mäanderförmig mit einer Geschwindigkeit von 5 m/min und einer Spurbreite von 10 mm über die Oberfläche geführt, wobei der Umkehrpunkt außerhalb der zu behandelnden PVC-Platte liegt.

Um zu sehen welchen Einfluss die Vorbehandlung auf die Oberflächenspannung der PVC-Platten hat, werden pro Zustand zwei Platten entsprechend vorbereitet und je Platte Kontaktwinkelmessungen mit vier Wasser- und vier Diiodmethan-Tropfen vorgenommen. Die jeweiligen Mittelwerte für die Kontaktwinkel der Flüssigkeiten dienen dann der Berechnung der Oberflächenspannung und ihrer Anteile.

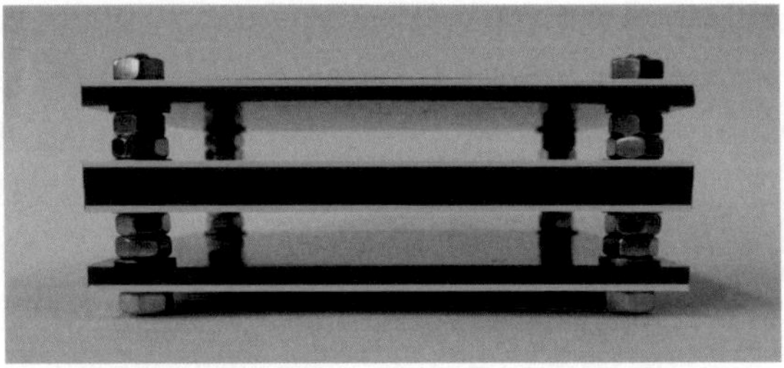

Abbildung 3.31: *Verschraubung der beschichteten PVC-Platten für den Waschvorgang (die grünen Linien markieren die Anordnung der FC-Schichten auf den PVC-Platten).*

Anschließend wird die C6-Chemie auf Lösemittelbasis möglichst gleichmäßig als dünner Film auf sechs vorbehandelte Platten gesprüht, die danach ca. zwei Tage zum Auslüften liegen gelassen werden. Diese Art der Beschichtung ist zwar von der Adhäsion her nicht mit dem Foulard-Verfahren vergleichbar aber ausreichend, da in dieser Versuchsreihe das Hauptaugenmerk auf den fluorierten Seitenketten liegt.

Zwei der beschichteten Platten werden dem bereits beschriebenen Messablauf unterzogen, um einen Ausgangswert zu erhalten. Die übrigen vier werden, wie in Abbildung 3.31 zu sehen, mit Hilfe von Gewindestangen miteinander verschraubt, sodass die Beschichtung der zwei äußeren Platten beim Waschen einen mechanischen Abrieb durch textiles Gewebe erfährt, während die zwei inneren Platten nur der Waschflotte ausgesetzt sind. Da die vorgeschriebene Gesamtladung von 2 kg bei dem Waschverfahren 2A nach DIN EN ISO 6330 mit Hilfe von genormter CO/ PES-Beiladung verwirklicht wird, wäre dadurch die mechanische Belastung der äußeren Platten durch textiles Gewebe bereits gewährleistet. Um allerdings die Waschtrommel zu schonen, befindet sich die Kunststoff-Metall-Konstruktion zusätzlich in einem verschließbaren CO/ PES-Beutel mit genügend Spielraum.

Nach der Wäsche werden die Platten aus dem Beutel entnommen, an der Luft getrocknet und auseinandergeschraubt. Bei Betrachtung der Proben fällt auf, dass die FC-Schicht der außen gelegenen Platten nicht mehr vorhanden ist, wohingegen die Schicht der Inneren nur stellenweise bis aufs Grundmaterial abgetragen wird.

Auch hier werden wieder Kontaktwinkelmessungen vorgenommen. Bei den Platten, auf denen noch Fluorcarbon vorhanden ist, wird darauf geachtet, dass die Messungen ausschließlich auf der verbliebenen Schicht stattfinden. Die resultierenden Oberflächenspannungen sind in Tabelle 3.7 und Abbildung 3.32 zu finden.

Tabelle 3.7: *Ergebnisse der Kontaktwinkelmessung an verschieden behandelten PVC-Platten.*

Zustand der PVC-Platten	**Oberflächenspannung [mN/m]**		
	gesamt γ_s	**dispersiv** $\gamma_{s,d}$	**polar** $\gamma_{s,p}$
ungereinigt	32,8 ± 0,8	31,5 ± 0,8	1,3 ± 0,1
mit Ethanol gereinigt	39,3 ± 0,7	36,6 ± 0,2	2,8 ± 0,5
plasmabehandelt	53,5 ± 1,6	40,5 ± 1,0	13,0 ± 2,6
mit FC beschichtet	16,6 ± 0,5	16,2 ± 0,8	0,4 ± 0,3
mit FC beschichtet und gewaschen (innere Platten)	18,9 ± 0,5	18,9 ± 0,5	0,0 ± 0,0
mit FC beschichtet und gewaschen (äußere Platten)	40,4 ± 1,0	36,1 ± 0,2	4,4 ± 1,2

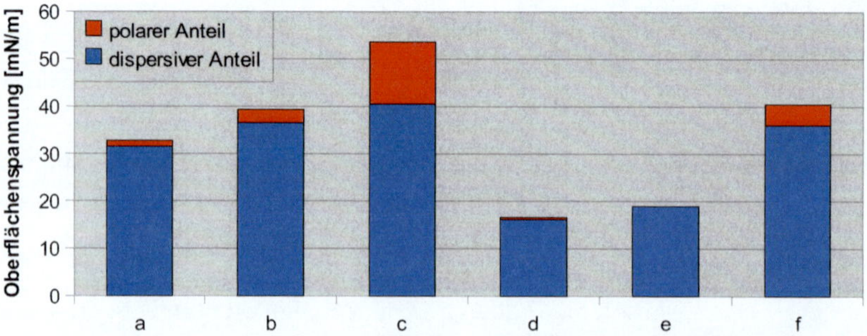

Abbildung 3.32: *Oberflächenspannung von PVC-Platten in verschiedenen Zuständen: (a) unbehandelt; (b) mit Ethanol gereinigt; (c) plasmabehandelt; (d) mit FC beschichtet; (e) mit FC beschichtet und gewaschen, innere Platten; (f) mit FC beschichtet und gewaschen, äußere Platten.*

3.1.7 Bundesmannprüfung von mit Setamol® gewaschenen Proben

Um den Einfluss von möglichen Auflagerungen nachzuweisen, werden bereits gewaschene Proben erneut mit Setamol® gewaschen. Dabei handelt es sich um ein anionisches Dispergiermittel, das z.B. nach dem Färben von Textilien eingesetzt wird, um überflüssiges Färbungsmittel von der Oberfläche zu entfernen und zuverlässig zu binden. Im vorliegenden Fall wird es jedoch mit der Absicht verwendet, Auflagerungen vom Textil zu entfernen, die unter Verwendung eines normalen Waschmittels nicht zugänglich sind. Eine darauffolgende Bundesmannprüfung soll den Effekt dieses Vorgehens sichtbar machen.

Bei den dabei verwendeten Proben handelt es sich um Rundschnitte von beiden Gewebetypen aus der vorangegangenen Diplomarbeit, mit C6- oder C8-Ausrüstung und nach einer oder fünf Wäschen. Die benötigte Flotte wird angerührt, indem 1,5 g/l des Dispergiermittels in ca. 60 °C heißem Wasser gelöst wird. Das geschieht unmittelbar vor der Behandlung, bei der sich je ein Rundschnitt in einem Metallbehälter befindet, zusammen mit 350 ml der Flotte. Die Behälter werden, wie in Abbildung 3.33 zu sehen, in einem Waschautomaten an einer horizontalen, sich drehenden Achse befestigt, die sich knapp oberhalb eines Wasserbades befindet. Auf diese Weise werden die Behälter nacheinander in das Wasserbad getaucht, wodurch die Temperatur der darin befindlichen Flotte konstant bleibt.

Abbildung 3.33: *Anordnung der Behälter im Waschautomaten.*

Der Waschautomat wird normalerweise für Farbechtheitsprüfungen verwendet. Das Waschprogramm C bzw. 3 stammt deshalb aus der DIN EN ISO 105-C10 und beinhaltet eine Wasserbadtemperatur von 60 °C und eine Dauer von 30 min. Pro Durchgang werden alle vier Proben einer Variante gleichzeitig gewaschen, bei 60 °C in einen Trockenschrank gegeben und danach bei Normklima gelagert, bevor sie die Beregnungsprüfung nach Bundesmann durchlaufen. Die Ergebnisse sind in Tabelle 3.8 zu finden, wobei zu beachten ist, dass die kursiv gedruckten Resultate aus der vorangegangenen Arbeit stammen und als Referenz dienen.

Tabelle 3.8: *Ergebnisse der Beregnungsprüfung nach Bundesmann bei mit Setamol® gewaschenen Rundschnitten (in Klammern Referenzwerte aus vorangegangener Diplomarbeit [2]).*

Probe			Wasser-durchlauf [ml]	Wasser-aufnahme [Gew.-%]	Abperleffekt nach 1 min [Stufe]	Abperleffekt nach 10 min [Stufe]
CO/ PES	C6	1W	*(1,0 ± 0,0)* 0,5 ± 0,0	*(14,85 ± 0,80)* 16,83 ± 0,38	*(---)* 2	*(1)* 1
		5W	*(7,8 ± 2,5)* 4,1 ± 1,5	*(26,89 ± 1,67)* 20,99 ± 0,93	*(1)* 2	*(1)* 1
	C8	1W	*(1,0 ± 0,0)* 0,1 ± 0,3	*(24,03 ± 6,02)* 20,01 ± 0,44	*(1)* 1-2	*(1)* 1
		5W	*(11,3 ± 7,9)* 11,3 ± 3,9	*(26,61 ± 0,64)* 23,55 ± 0,96	*(1)* 1	*(1)* 1
AR/ CV-FR	C6	1W	*(2,5 ± 1,0)* 6,0 ± 1,8	*(20,08 ± 1,36)* 22,78 ± 0,20	*(1)* 1-2	*(1)* 1
		5W	*(11,3 ± 0,5)* 14,5 ± 4,7	*(26,72 ± 1,07)* 24,17 ± 1,34	*(1)* 1-2	*(1)* 1
	C8	1W	*(4,3 ± 1,3)* 4,3 ± 1,7	*(21,30 ± 2,34)* 23,37 ± 0,69	*(---)* 2	*(1)* 1
		5W	*(24,5 ± 23,2)* 13,3 ± 2,1	*(27,80 ± 1,88)* 27,43 ± 0,67	*(1)* 1	*(1)* 1

3.2 Nachimprägnieren bereits gewaschener Proben

Die bis hierhin aufgeführten Ergebnisse dienen allein der Ursachenfindung für den Hydrophobieverlust. Da in früheren Arbeiten mit nachträglichen Wärmebehandlungen keine befriedigenden Resultate erzielt werden konnten, ist auch von Interesse, ob der wasserabweisende Effekt auf anderem Weg wiederhergestellt werden kann. Zu diesem Zweck wird beispielhaft AR/ CV-FR-Gewebe mit C8-Ausrüstung, dass bereits fünf Wasch- und Trocknungsgänge durchlaufen hat, mit zwei unterschiedlichen Imprägniermitteln behandelt. Zur Verfügung stehen hier zum einen ein lösemittelhaltiges C6-Imprägnierspray, sowie ein halogenfreier Waschmittelzusatz auf Dendrimerbasis. Ebenso wird unausgerüstetes Gewebe mit diesen Mitteln imprägniert, um zu prüfen, wie groß die Phobierung ist, die allein von den nachträglich aufgebrachten Substanzen ausgeht.

Während mit dem Imprägnier-Spray einfach zwei Schichten auf die entsprechenden Proben gesprüht werden, wobei zwischen den beiden Schichten eine Trockungspause von ca. 30 min eingehalten wird, muss der Imprägnier-Zusatz mit Hilfe einer Waschmaschine aufgebracht werden, indem er dort anstelle eines Weichspülers eingefüllt wird. Damit der Imprägnier-Zusatz nach der Wäsche auf der Textilie wirksam wird, muss das Gewebe anschließend luftgetrocknet werden und erfährt dann für 15 s eine Wärmebehandlung von 150 °C mit Hilfe einer Bügeldruckpresse.

Die Verfahren, mit denen die nachimprägnierten Textilien geprüft werden, sind der Beregnungstest nach Bundesmann, die Oleophobieprüfung und der Spraytest, deren Ergebnisse in den Tabellen 3.9 und 3.10 zusammengefasst sind. Auch hier werden wieder Referenzwerte angegeben, die, mit Ausnahme der Resultate des unausgerüsteten AR/ CV-FR-Gewebes, der vorangegangen Arbeit entnommen sind.

Tabelle 3.9: *Ergebnisse der Bundesmannprüfung bei reimprägnierten Textilproben (in Klammern Referenzwerte aus vorangegangener Diplomarbeit [2]).*

Probe			Wasser-durchlauf [ml]	Wasser-aufnahme [Gew.-%]	Abperleffekt nach 1min [Stufe]	Abperleffekt nach 10 min [Stufe]
AR/ CV-FR	unausger.	vorher	169,5 ± 179,7	66,53 ± 0,19	1	1
		Imp.-Zusatz	303,8 ± 39,7	71,63 ± 0,56	1	1
		Imp.-Spray	290,0 ± 23,5	31,83 ± 0,59	1	1
	C8 5W	vorher	*(21,0 ± 19,5)*	*(27,91 ± 0,82)*	*(1)*	*(1)*
		Imp.-Zusatz	16,3 ± 2,8	25,04 ± 0,16	1-2	1
		vorher	*(93,8 ± 51,5)*	*(32,96 ± 1,56)*	*(---)*	*(1)*
		Imp.-Spray	68,8 ± 36,4	25,01 ± 0,37	3	1

Tabelle 3.10: *Ergebnisse der Oleophobieprüfung und des Spraytests bei reimprägnierten Textilproben (in Klammern Referenzwerte aus vorangegangener Diplomarbeit [2]).*

Probe			Oleophobie-prüfung [Grad]	Spraytest [Note]
AR/ CV FR	unausger.	vorher	0	1
		Imp.-Zusatz	0	1
		Imp.-Spray	3,5	2
	C8 5W	vorher	*(7)*	2
		Imp.-Zusatz	3,5	2
		vorher	*(5)*	2
		Imp.-Spray	3,5	3

4 DISKUSSION DER ERGEBNISSE

Nachfolgend werden die erhaltenen Ergebnisse im Hinblick auf den Verlust der Hydrophobie interpretiert und miteinander verglichen, um Rückschlüsse auf die Ursache ziehen zu können. Genauso wird zum einen auf die Resultate der Reimprägnierungsversuche eingegangen und zum anderen ein Vergleich zwischen der Beregnung nach Bundesmann und dem Spraytest gezogen.

4.1 Mechanische Beanspruchung

Mit dem REM können zwischen der Oberflächenstruktur eines unausgerüsteten und der eines ausgerüsteten Textils keine signifikanten Unterschiede festgestellt werden, sodass eine Draufsicht auf die Gewebefasern keine Erkenntnisse über einen mechanischen Abrieb der Fluorcarbon-Ausrüstung ermöglicht. Auch eine Betrachtung der Querschnitte mit dem hochauflösenden REM hilft diesbezüglich nicht weiter, weil die Schichtdicke auf einer Faser stark variiert und somit eine Schichtdickenbestimmung in Abhängigkeit vom Zustand des ausgerüsteten Gewebes nicht sinnvoll ist. Es wird jedoch angenommen, dass die Fluorcarbon-Ausrüstung, wenn überhaupt, nur in geringsten Mengen von der Faseroberfläche abgetragen wird und die Hauptursache für den Hydrophobieverlust bei der Beschädigung der Cellulose-Fasern zu suchen ist. Diese Behauptung wird einerseits durch die Ergebnisse der Ionenaustauschchromatographie gestützt, die keinen signifikanten Unterschied im absoluten Fluoranteil von ausgerüsteten Proben im Neuzustand und nach der Wäsche zeigen.

Andererseits bekräftigen auch die XPS-Analysen diese These. Dort kann zunächst beobachtet werden, dass der Fluoranteil erwartungsgemäß nach der Ausrüstung stark ansteigt, und zwar in Form von C-F_2-Bindungen. Gleichzeitig nimmt die Anzahl der Hydroxy- und Carbonyl-Gruppen an der untersuchten Oberfläche ab. Eine Erklärung hierfür ist, dass sie hauptsächlich dem Textil zugeordnet werden können und sozusagen durch die Fluorcarbone verdeckt werden.

Nach dem ersten Waschdurchgang scheint zumindest bei der C8-Chemie der Fluoranteil zunächst zu sinken, während er bei der Ausrüstung mit sechs fluorierten Kohlenstoffen gleich bleibt. In beiden Fällen steigt die Anzahl an C-F_2-Bindungen jedoch wieder nach fünf Wäschen und begibt sich, im Vergleich zum Neuzustand der Ausrüstung, wieder auf dasselbe Niveau oder sogar darüber hinaus. Einen Erklärungsversuch stellt folgende Theorie dar: Das vorläufige Absinken ist eventuell darauf zurückzuführen, dass Teile der Cellulose-Fasern fibrillieren. Diese Fibrillen besitzen zwar noch die Fluorcarbonschicht, rücken diese aber aus dem Fokus der Oberflächenwirksamkeit, weil sie unkontrolliert in irgendeine Richtung abstehen. Durch weitere Wäschen bzw. Trocknungen kommt es bei der noch oberflächenwirksamen, und dadurch für die XPS-Analyse zugänglichen, Ausrüstung zur Neu- oder Reorganisation von fluorierten Alkylseitenketten, was den Fluoranteil an der Oberfläche wieder steigen lässt.

Eine Wiederherstellung der Hydrophobie tritt trotzdem nicht auf, da die Schäden an den Fasern, bzw. die dadurch freiliegenden hydrophilen Bereiche, zu groß sind und durch weitere Wäschen noch größer werden. Das wird durch einen Anstieg der Hydroxy-Gruppen angedeutet, die vor Allem in großer Anzahl in Cellulose enthalten sind. Die in dieser Arbeit ermittelten Werte für die C-F_2- und Hydroxygruppen weisen zum Teil relativ hohe Standardabweichungen auf, was an lokalen Differenzen im Grad der Beschädigung liegt, die auch mit dem XPS-Mapping-Verfahren beobachtet werden können.

Trifft nun ein Tropfen mit hoher Einschlagsenergie auf beschädigte Bereiche der ausgerüsteten Fasern, kann er die Oberfläche teilweise annetzen. Darüber hinaus kann es dazu kommen, dass die inneren Fasern ebenfalls in Kontakt mit Wasser kommen, weil die Ausrüstung am Garn hauptsächlich auf den äußeren Fasern vorhanden ist. Das Innere des Garns dient damit aufgrund des Kapillareffekts als Kanal, was das vollständige Durchnässen des Textils begünstigt.

4.2 Einfluss von Auflagerungen oder Resttensiden

Der Modellversuch an den beschichteten PVC-Platten lässt darauf schließen, dass sich direkt an den fluorierten Alkylseitenketten keine hydrophilen Agenzien anlagern, da sich die Oberflächenenergie der FC-Schicht nach der Wäsche kaum verändert. Demnach müssten sich eventuelle Auflagerungen oder Resttenside ausschließlich in der Struktur der textilen Flächengebilde verstecken.

Die Soxhlet-Extraktion zeigt, dass auf allen untersuchten Textilien lösliche Substanzen vorhanden sind, die die Oberflächenspannung von Wasser herabsetzen und dadurch zu einer besseren Benetzung führen können. Darin kann allerdings auch nicht die Hauptursache für den Hydrophobieverlust der Textilien gesehen werden, da sich die Wasserabweisung derjenigen Proben nicht verbessert, bei denen die Auflagerungen durch Setamol®-Wäschen entfernt werden.

Zudem wird die Reduzierung auf ca. 45 mN/m unter den erschwerten Bedingungen der Soxhlet-Extraktion erreicht, wie dem Lösen unter erhöhter Temperatur oder dem kontinuierlichen Aufkonzentrieren. Beides findet bei einer normalen Beregnung nicht statt, sodass dort ein geringeres Herabsetzen der Oberflächenspannung durch in Wasser gelöste Auflagerungen erwartet werden kann. Schlussendlich können die intakten Bereiche der FC-Ausrüstung auch noch auf die Lösung abweisend wirken, wohingegen allerdings schon geringe Mengen von in Wasser gelösten Auflagerungen die Benetzung der beschädigten, hydrophilen Faserabschnitte begünstigen.

4.3 Weiterbestehen der Oleophobie trotz Verlust der Hydrophobie

Als paradox erscheint der Umstand, dass die Hydrophobie bereits durch die erste Wäsche erheblich reduziert wird, allerdings die Oleophobie noch bis zu einem gewissen Grad bestehen bleibt. Das ist insofern ein Widerspruch, da die Oberflächenspannungen von Kohlenwasserstoffen deutlich unter denen von Wasser liegen und somit auch zu einer besseren Benetzung des Textils führen müssten.

Dieses Phänomen klärt sich jedoch bei genauer Betrachtung der Oleophobie-Prüfung. Denn bei der Prüfung nach DIN 14419 handelt es sich um eine Methode zur Kontrolle von Textilien mittels Absorption durch unterschiedliche Kohlenwasserstoffe. Wie bereits in Kapitel 2.4.5 erläutert, wird hierbei ein Tropfen aufgebracht und sein Benetzungsverhalten beobachtet. Da der Öltropfen allerdings nur aufliegt, können hier nach der Wäsche weiterhin verhältnismäßig gute Werte ermittelt werden, auch wenn das Textil in der Bundesmannprüfung durchfällt. Bestätigt wird diese Annahme durch die Beobachtungen, die mit der Hochgeschwindigkeitskamera bei den gewaschenen Proben gemacht werden. Während dort der primäre Wassertropfen das Textil aufgrund der Einschlagsenergie fast vollständig benetzt, zeigt das gewaschene Gewebe bei den Sekundärtropfen weiterhin ein abweisendes Verhalten. Da sie mit wenig Energie auftreffen, führt die noch vorhandene Fluorcarbon-Ausrüstung bei ihnen weiterhin zu relativ hohen Kontaktwinkeln.

4.4 Bewertung der Reimprägnierung

Der Versuch, die Hydrophobie wiederherzustellen, gelingt im Rahmen dieser Arbeit nur mit mäßigem Erfolg. Der Imprägnier-Zusatz zur Nachbehandlung in der Waschmaschine bringt, in der Form wie er hier angewendet wird, keine Verbesserung, weder bei unausgerüstetem, noch bei dem ausgerüsteten und gewaschenen Gewebe.

Eine leichte Verbesserung, im Bezug auf den Abperleffekt nach 1 min, Wasseraufnahme und -durchlauf, bringt das Imprägnier-Spray bei dem ausgerüsteten Gewebe, das fünfmal gewaschen wurde. Allerdings zeigt sich nach 10 min Beregnung, dass das so behandelte Textil ebenfalls vollständig benetzt wird. Etwas differenzierter fallen die Ergebnisse des Sprühverfahrens aus. Dort ist generell bei den mit FC besprühten Proben eine leichte Verbesserung festzustellen. Auch die Oleophobie unterscheidet sich je nach Behandlung und vorliegendem Material. Das unausgerüstete Gewebe erhält durch das Imprägnier-Spray eine gewisse oleophobe Eigenschaft. Die Textilien, die bereits eine FC-Ausrüstung besitzen, verlieren jedoch bis zu einem bestimmten Grad ihre Oleophobie. Das kann beim Imprägnier-Zusatz auf die Verwendung von halogenfreien Dendrimeren und beim Imprägnier-Spray auf eine ungenügende Ausrichtung der fluorierten Alkylgruppen zurückgeführt werden. Es ist also insgesamt ein leichte Verbesserung durch das Imprägnier-Spray zu beobachten. In die Praxis ist diese Art der Imprägnierung jedoch nicht umsetzbar, weil dies mit einem erheblichen Arbeitsaufwand verbunden ist. Die Verwendung von Imprägniermitteln in der industriellen Wäsche ist diesbezüglich vorteilhafter.

4.5 Vergleich von Bundesmannprüfung und Spraytest

Der Spraytest findet aufgrund seines simplen Aufbaus und der schnellen Durchführung breite Anwendung in der Industrie. Allerdings sind die daraus resultierenden Ergebnisse im Bezug auf die Hydrophobie eines Textils nur beschränkt aussagekräftig. Denn ein solches Textil soll meist bei Regen wasserabweisende Eigenschaften aufweisen, was mit einer Fallhöhe von 15 cm und einer Sprühdauer von maximal 30 s nur mäßig simuliert werden kann.

Die Beregnungsprüfung nach Bundesmann stellt, mit einer Tropfenfallhöhe von ca. 1,5 m, ein Verfahren mit mehr Praxisbezug dar, ist allerdings aufwendiger in der Durchführung. Der Mehraufwand führt jedoch dazu, dass aus der Prüfung mehr Schlüsse gezogen werden können. Abgesehen von der höheren Einschlagsenergie und dem simulierten Tragen durch die Drehkreuze, wird im Gegensatz zu den 30 s des Spraytests das Verhalten der Textilprobe unter Beregnung mehrere Minuten lang beobachtet und es wird die Menge an aufgenommenem, sowie durchgelaufenem Wasser gemessen. Wasseraufnahme und Wasserdurchlauf sind insofern von Bedeutung, da sie den Tragekomfort und Schutz vor Durchnässung repräsentieren.

Allerdings ist der Spraytest besser dazu geeignet kleinere Unterschiede in der Hydrophobie der untersuchten Proben aufzuzeigen. Deswegen muss diese Art der Prüfung im Rahmen der Entwicklung ergänzend zur Bundesmannprüfung stattfinden, wenn über unterschiedlich behandelte Textilien differenzierte Aussagen getroffen werden sollen. Dafür spricht auch der Bewertungsmaßstab, der sich bei beiden Verfahren an ähnlichen Kriterien orientiert.

5 FAZIT UND AUSBLICK

Zusammenfassend kann man sagen, dass die Hauptursache für den Hydrophobieverlust in der Fibrillierung der Cellulose-Fasern gesehen wird, weil dadurch hydrophile Bereiche freigelegt werden und die Fluorcarbonschicht teilweise nicht mehr oberflächenwirksam ist. Hinweise für einen umfangreichen Verschleiß der Fluorcarbon-Ausrüstung können mit dem REM generell nicht festgestellt werden und die Ergebnisse der XPS und Ionenaustauschchromatographie deuten nicht darauf hin. Allerdings lassen die relativ hohen Standardabweichungen beim normalen XPS, sowie die Resultate des XPS-Mappings, auf lokale Differenzen im Grad der Fibrillierung schließen.

Der Mechanismus, der zur Benetzung des Textils führt, ist eindeutig von der Fallhöhe, bzw. von der Einschlagsenergie des Tropfens abhängig. Ist diese groß genug, werden die beschädigten Areale der Fasern angenetzt und können über die inneren, unausgerüsteten Fasern und durch Kapillarwirkung zu weiterer Benetzung führen. Sitzt ein Wassertropfen dagegen nur auf dem Textil auf, reicht die niedrige Oberflächenenergie der noch oberflächenwirksamen Fluorcarbone aus, um einen relativ hohen Kontaktwinkel zu gewährleisten. Das erklärt auch das Weiterbestehen der Ölabweisung bei gewaschenen Proben, da bei der Oleophobieprüfung ausschließlich das Verhalten von aufliegenden Tropfen beobachtet wird.

Die Soxhlet-Extraktion von textilen Proben, mit anschließender Messung der Oberflächenspannung des Extrakts, lässt darauf schließen, dass das Vorhandensein von Auflagerungen oder Resttensiden an der textilen Oberfläche nicht ausgeschlossen werden kann, eine maßgebliche Beteiligung an der Reduzierung der wasserabweisenden Wirkung jedoch nicht stattfindet. Die Kontaktwinkelmessung mit Hilfe der Captive-Bubble-Methode würde hier noch weitere Erkenntnisse liefern, da hiermit die Oberflächenspannung von Textilien direkt festgestellt werden kann.

Im Laufe der durchgeführten Reimprägnierungs-Versuche führt lediglich das FC-Spray zu einer Verbesserung der Hydrophobie, wenn auch nur mäßig. Die erzielten Ergebnisse lassen diesbezüglich jedoch keine endgültige Aussage zu, da das Thema der Reimprägnierung in dieser Arbeit nur oberflächlich angeschnitten wird. Weiterführende umfangreiche Versuche, bspw. mit unterschiedlichen Waschmittelzusätzen, sind noch durchzuführen. In diesem Zusammenhang können auch Überlegungen angestellt werden, ob und wie das Fibrillieren der Cellulosefasern verhindert werden kann. Zur Beurteilung der Resultate sollte neben der Bundesmannprüfung auch der Spraytest zur Hilfe genommen werden, da hiermit auch geringere Unterschiede in der Hydrophobie feststellbar sind.

Ebenfalls interessant ist die Frage, ob die Wirkung der Fluorcarbon-Chemie durch andere Technologien erweitert oder ersetzt werden kann. Beispiele hierfür sind das Beschichten des Textils mit Silikon-Nanofilamenten [15] oder die Verwendung von Fasern, deren Oberfläche bereits beim Spinnen mit Hilfe von Magnetit-Partikeln nanostrukturiert wird [16].

LITERATURVERZEICHNIS

[1] **S. Blinne**
Praktikumsbericht: Systematische Untersuchung der Wirksamkeit von Fluorcarbonausrüstungen,
Hochschule Hof, 2008

[2] **S. Kemmerer**
Diplomarbeit: Reaktivierung von Fluorcarbonausrüstungen auf militärischer Einsatzkleidung,
Hochschule Hof, 2010

[3] **W.D. Schindler, P.J. Hauser**
Chemical finishing of textiles,
Woodhead Publishing, Boca Raton, 2004

[4] **M. Flemming, L. Coriand, A. Duparré**
Ultra-hydrophobicity through stochastic surface roughness,
in: *Superhydrophobic surfaces*,
Koninklijke Brill, Leiden, 2009

[5] **S.H. Kim**
Fabrication of superhydrophobic surfaces,
in: *Superhydrophobic surfaces*,
Koninklijke Brill, Leiden, 2009

[6] **H.-K. Rouette**
Lexikon für Textilveredlung, Band 1,
Laumann-Verlag, Dülmen, 1995

[7] **A. Geu**
Fluorcarbon-Chemie stellt sich ökologischen Erfordernissen,
Melliand Textilberichte, 4-5:182-183, 2010

[8] **D. Labruier**
Dissertation: Untersuchungen zur Modifizierung von Folien und Nadelfilzen aus Polyethylenterephthalat mit Fluorcarbonplasmen,
Rheinisch-Westfälische Technische Hochschule Aachen, 2006

[9] **C.D. Wagner, W.M. Riggs, L.E. Davis, J.F. Moulder, G.E. Muilenberg**
Handbook of x-ray photoelectron spectroscopy,
Perkin-Elmer Corporation, Physical Electronics Division, Eden Prairie, 1979

[10] **F. Poncin-Epaillard, B. Chevet, J.-C. Brosse**
Modification of isotactic poly(propylene) with a nitrogen plasma; differences in comparison to the treatment with a carbon dioxide plasma,
Die Makromolekulare Chemie, 192:1589-1599, 1991

[11] **J. Weiß**
Ionenchromatographie,
Wiley-VCH Verlag, Weinheim, 2001

[12] **W.D. Harkins, H.F. Jordan**
Surface tension by the ring method,
Science, 72 (1855):73-75, 1930

[13] **G. Ström**
Contact angles, work of adhesion, and interfacial ensions at a dissolving hydrocarbon surface,
Journal of Colloid Interface Science, 119 (2):352-361, 1987

[14] **L.J. Gerenser**
X-ray photoemission study of plasma modified polyethylene surfaces,
Journal of Adhesion Science and Technology, 4:303-318, 1987

[15] **J. Zimmermann, F.A. Reifler, G. Fortunato, L.C. Gerhardt, S. Seeger**
A simple, one step approach to durable and robust superhydrophobic textiles,
Advanced Functional Materials, 18 (22):3662-3669, 2008

[16] **J. Beringer**
Neuer Ansatz optimiert Lotus-Effekt von schmutzabweisenden Textilien,
Presseinformation der Hohenstein Institute, Bönnigheim, 2010

ANHANG

A Übersicht über verwendete Textilproben

Versuchsreihe	Probe				
	Gewebe	Ausrüstung[a]	Zustand	Booster[a]	Wärmenachbehandlung[b]
HS-Kamera	CO/ PES	AFB6 CONC	neu	NET	---
			5W		LT 80 °C
		AFB8 CONC	neu		---
			5W		LT 80 °C
	AR/ CV-FR	AFB6 CONC	neu		---
			5W		LT 80 °C
		AFB8 CONC	neu		---
			5W		LT 80 °C
REM	CO/ PES	unausger.	neu	---	---
			1W		T 80°C
			5W		
		AFB6 CONC	neu	WEB	---
			1W		T 80°C
			5W		
		AFB8 CONC	neu		---
			1W		T 80°C
			5W		
	AR/ CV-FR	unausger.	neu	---	---
			1W		T 80°C
			5W		
		AFB6 CONC	neu	WEB	---
			1W		T 80°C
			5W		
		AFB8 CONC	neu		---
			1W		T 80°C
			5W		
HD-REM	CO/ PES	unausger.	neu	---	---
		AFB8 CONC	neu	WEB	---
XPS-Mapping	CO/ PES	unausger.	neu	---	---
		AFB8 CONC	neu	NET	---
			5W		LT 80 °C
XPS	CO/ PES	unausger.	neu	---	---
		AFB6 CONC	neu	WEB	---
			1W		T 80°C
			5W		
		AFB8 CONC	neu		---
			1W		T 80°C
			5W		

[a] Produktbezeichnungen der Fa. Rudolf-Chemie

[b] T = Behandlung im Tumbler
LT = Leinentrocknung mit anschließender Behandlung im Tumbler

Versuchsreihe	Probe				
	Gewebe	Ausrüstung[a]	Zustand	Booster[a]	Wärmenachbehandlung[b]
XPS	AR/ CV-FR	unausger.	neu	---	---
		AFB6 CONC	neu	WEB	---
			1W		T 80°C
			5W		
		AFB8 CONC	neu		---
			1W		T 80°C
			5W		
IC / ICP-OES	CO/ PES	unausger.	neu	---	---
		AFB8 CONC	neu	NET	---
			5W		LT 80 °C
	AR/ CV-FR	unausger.	neu	---	---
		AFB8 CONC	neu	NET	---
			5W		LT 80 °C
Soxhlet und Benetzungs-waage	CO/ PES	unausger.	neu	---	---
		AFB8 CONC	neu	WEB	---
			5W		T 80°C
	AR/ CV-FR	unausger.	neu	---	---
		AFB8 CONC	neu	WEB	---
			5W		T 80°C
Setamol® und Bundesmann	CO/ PES	AFB6 CONC	1W	WEB	LT 80 °C
			5W		
		AFB8 CONC	1W		
			5W		
	AR/ CV-FR	AFB6 CONC	1W		
			5W		
		AFB8 CONC	1W		
			5W		
Reimprägnie-rung	AR/ CV-FR	unausger.	neu + Imp.-Zusatz[c]	---	---
		AFB8 CONC	5W + Imp.-Zusatz[c]	NET	T 80 °C
			5W (Referenz für Spraytest)		LT 80 °C
	AR/ CV-FR	unausger.	neu + Imp.-Spray[d]	---	---
		AFB8 CONC	5W + Imp.-Spray[d]	NET	T 65 °C
			5W (Referenz für Spraytest)		LT 65 °C

[a] Produktbezeichnungen der Fa. Rudolf-Chemie

[b] T = Behandlung im Tumbler
LT = Leinentrocknung mit anschließender Behandlung im Tumbler

[c] Bionic-Finish® ECO von Fa. Rudolf-Chemie

[d] ®RUCO Impregnation Spray von Fa. Rudolf-Chemie

B Ergebnisse XPS-Analysen

Probe			Peakflächen [CPS*eV]				
			C-C / C-H ca. 284 eV	C-O ca. 286 eV	C=O ca. 288 eV	O-C=O ca. 289 eV	F-C-F ca. 292 eV
CO/ PES	unausger.	neu	81547,53	16888,65	4406,84	---	---
			81940,82	28626,90	4157,72	---	---
	C6	neu	47296,32	4764,43	---	2187,40	17712,30
			63531,67	5330,09	---	1439,20	15525,18
		1W	41802,93	6997,35	---	1775,65	13800,16
			50731,01	3748,02	---	993,89	14889,68
		5W	45657,01	6334,85	---	2436,92	13690,55
			43697,98	6981,55	---	1721,81	19472,97
	C8	neu	35120,12	7300,55	---	2079,63	24143,68
			76533,62	3505,40	---	993,34	21164,28
		1W	47977,89	7045,84	---	907,73	18794,92
			59542,24	3743,11	---	1080,37	18846,30
		5W	42423,18	8688,42	---	1162,61	24100,47
			59718,08	9456,41	---	1471,33	22935,02
AR/ CV-FR	unausger.	neu	53433,67	29185,01	3561,41	---	---
			71054,22	21859,12	5309,61	---	---
	C6	neu	48333,15	6622,19	---	1727,27	15980,52
			49864,96	6108,15	---	1617,65	12675,26
		1W	49876,68	4400,12	---	926,11	16401,31
			56175,25	4999,62	---	1124,19	14784,63
		5W	16469,37	1358,59	---	560,15	7114,88
			59921,01	4836,37	---	561,14	18818,88
	C8	neu	44112,16	4556,11	---	4524,26	17964,87
			62829,58	2020,06	---	118,92	20884,32
		1W	55654,86	3669,86	---	648,73	17761,46
			66912,89	7675,23	---	1988,52	12307,62
		5W	38847,30	5006,65	---	202,37	14720,15
			40285,31	4988,12	---	1303,64	15186,12

C Analyseprotokoll Fa. ThermoFisher Scientific

Sample 1: untreated fabric

XPS mapping

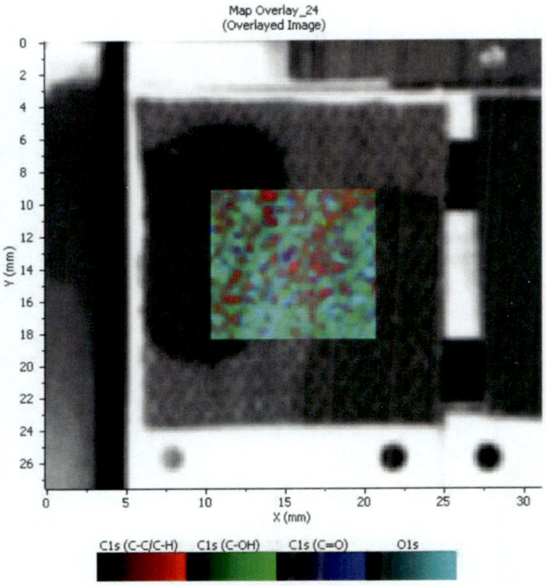

- The sample was mapped using a 400 µm X-ray spot and snapshot acquisition.
- The acquired spectra were peak fitted at every point in the map, and an atomic concentration image was generated.
- This is displayed here, in an overlay with the optical image of the sample.
- The data is consistent with cotton fibres, with variation in the adventitious hydrocarbon contamination resulting in changes in concentration across the sample.

3

ThermoFisher SCIENTIFIC

Sample 1: untreated fabric

XPS mapping

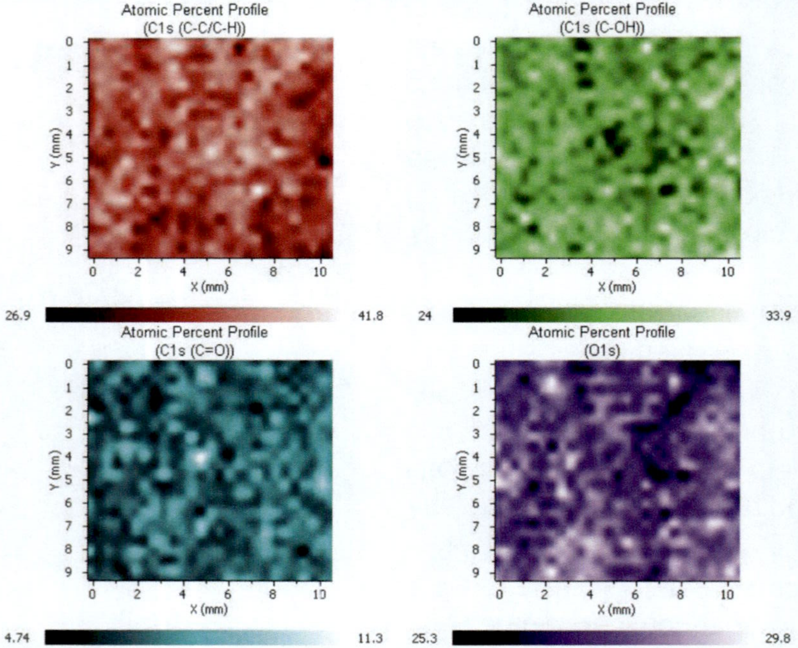

4

ThermoFisher SCIENTIFIC

Sample 1: untreated fabric

PCA phase analysis

- Phase analysis of the At% image, shows that the variation across the surface is due to small changes in the C-C and C-OH concentrations.

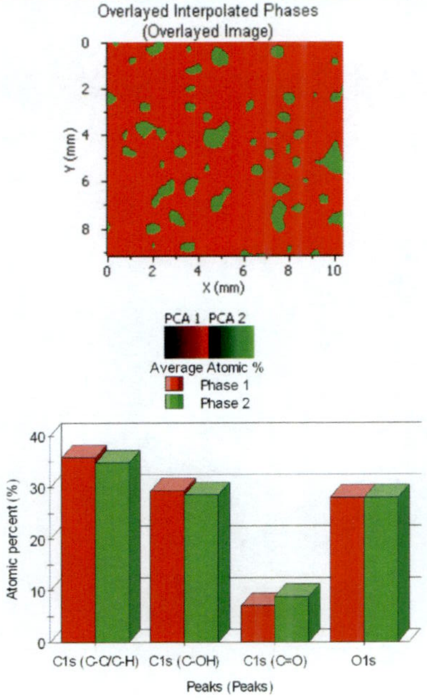

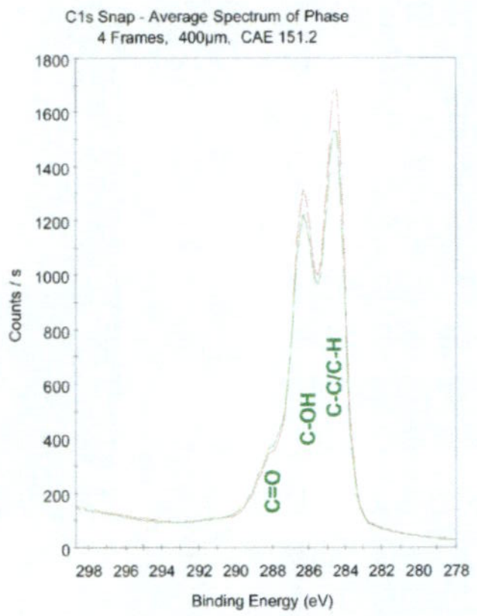

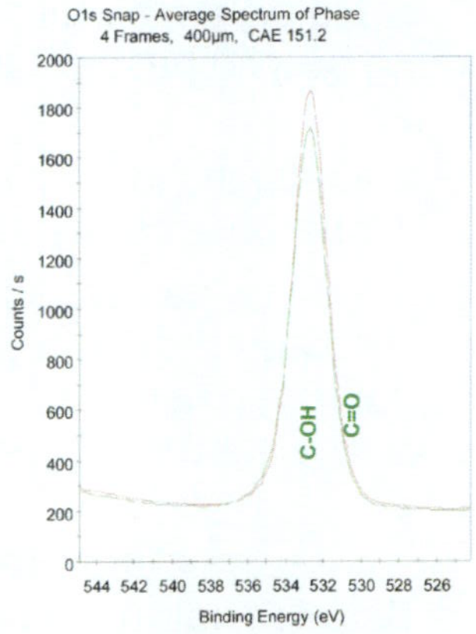

Thermo Fisher SCIENTIFIC

Sample 2: treated fabric

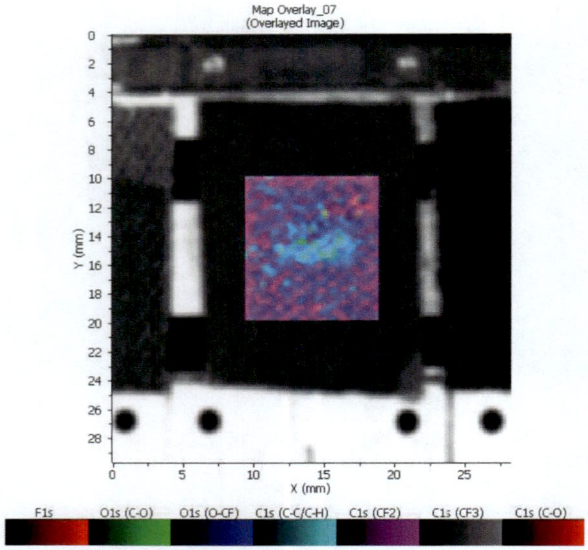

- The sample was mapped using a 400 µm X-ray spot and snapshot acquisition.
- The acquired spectra were peak fitted at every point in the map, and an atomic concentration image was generated.
- This is displayed here, in an overlay with the optical image of the sample.
- An area of increased hydrocarbon is evidenced in the centre of the map. There is a suggestion of increased O content in the area around this, and then a more uniform fluorocarbon area around that.

ThermoFisher SCIENTIFIC

Sample 2: treated fabric

XPS mapping

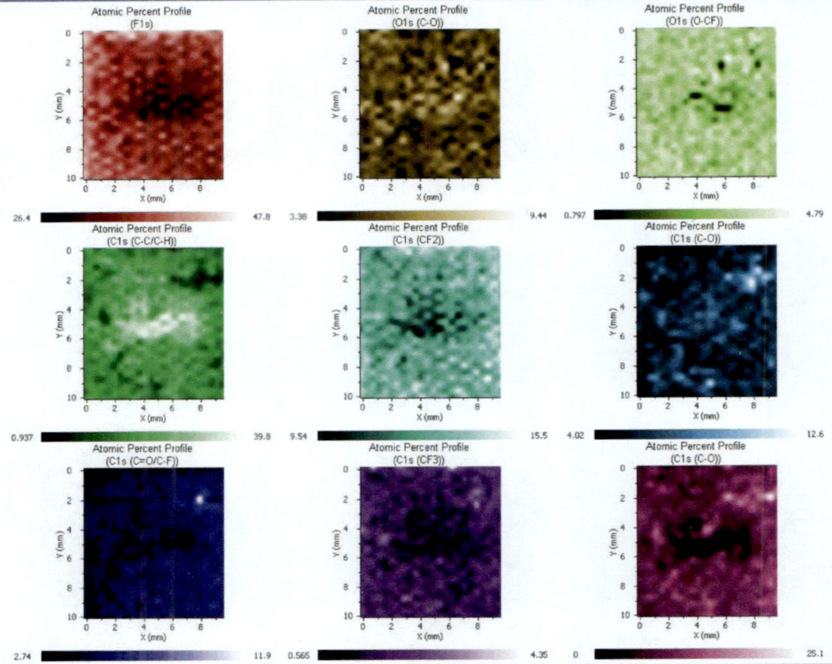

ThermoFisher SCIENTIFIC

Sample 2: treated fabric

PCA phase analysis

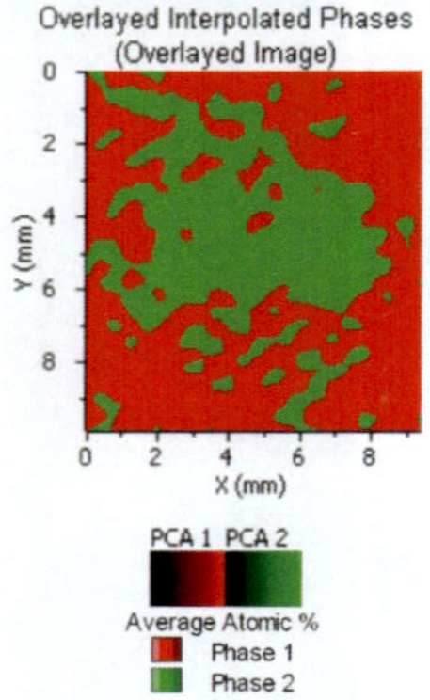

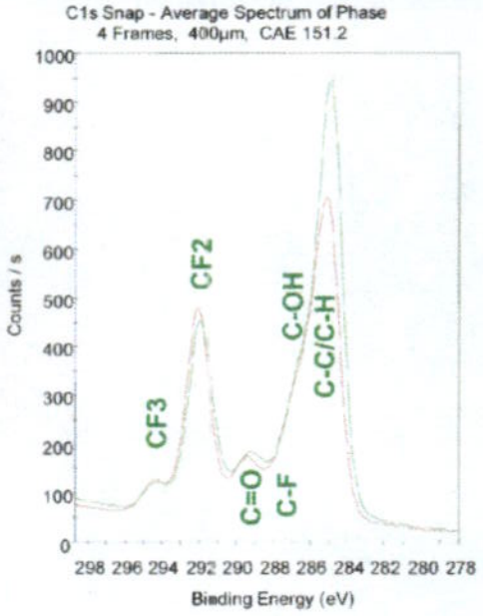

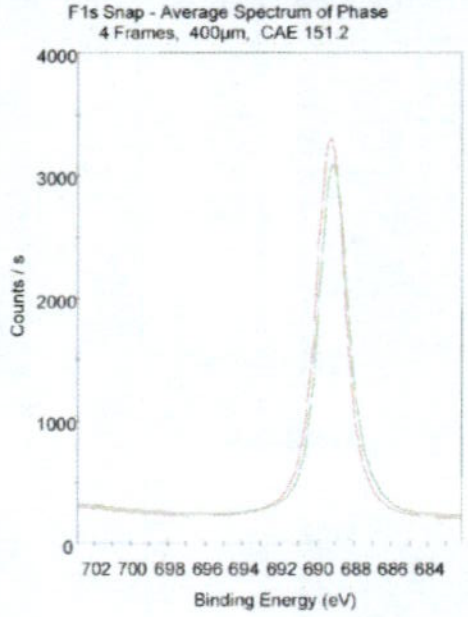

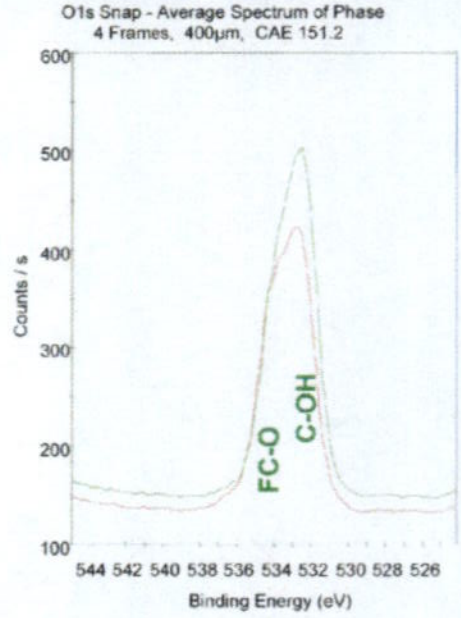

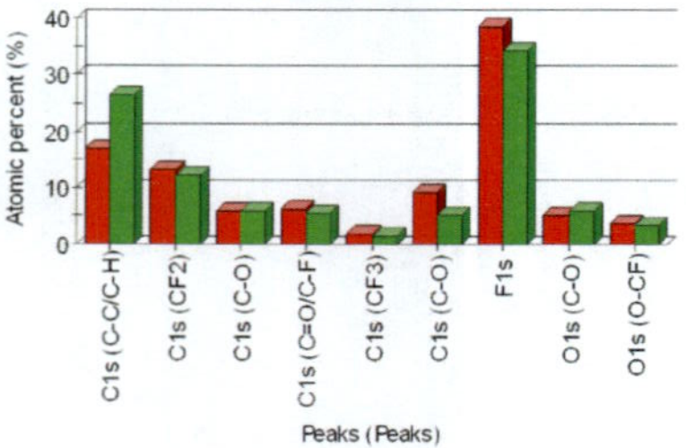

- Phase analysis of the At% image, shows that the variation across the surface is due to small changes in the C-C and C-OH concentrations.

ThermoFisher SCIENTIFIC

Sample 3: treated fabric – washed x5

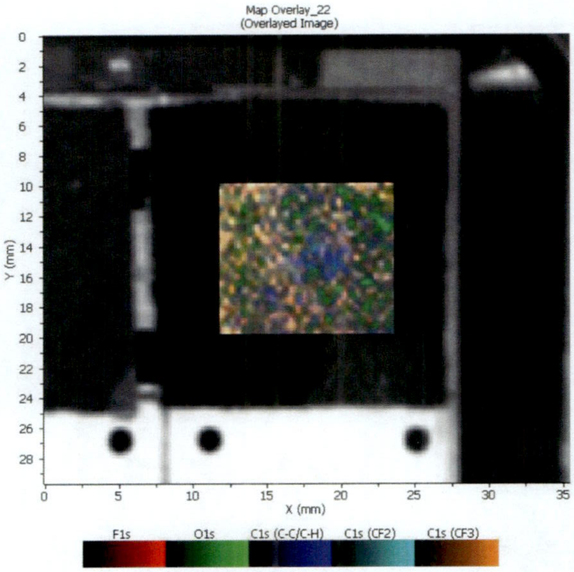

- The sample was mapped using a 400 µm X-ray spot and snapshot acquisition.
- The acquired spectra were peak fitted at every point in the map, and an atomic concentration image was generated.
- This is displayed here, in an overlay with the optical image of the sample.
- The washed sample shows areas of increased hydrocarbon content. The main contrast is between areas of elevated oxygen content (green) and intact coating (orange).

ThermoFisher SCIENTIFIC

Sample 3: treated fabric – washed x5

XPS mapping

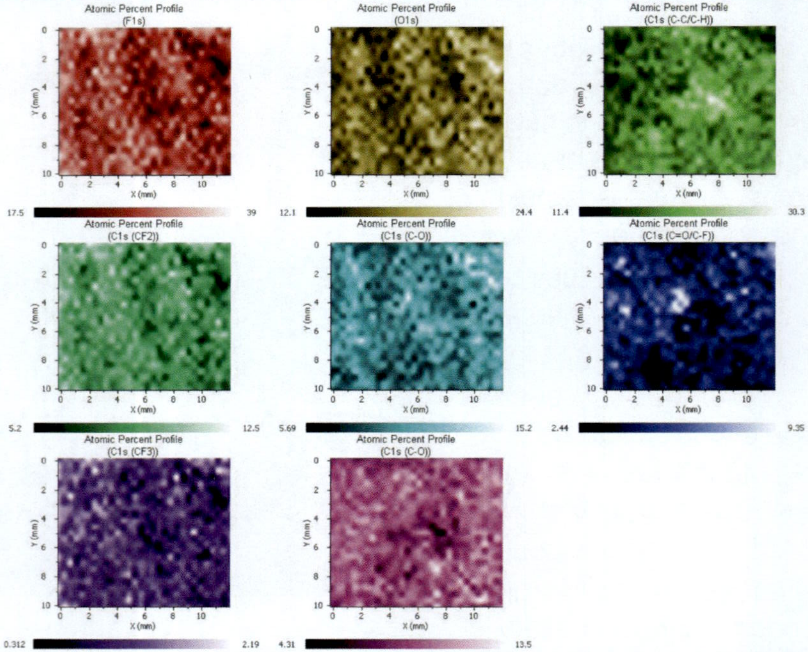

ThermoFisher SCIENTIFIC

Sample 3: treated fabric – washed x5

PCA phase analysis

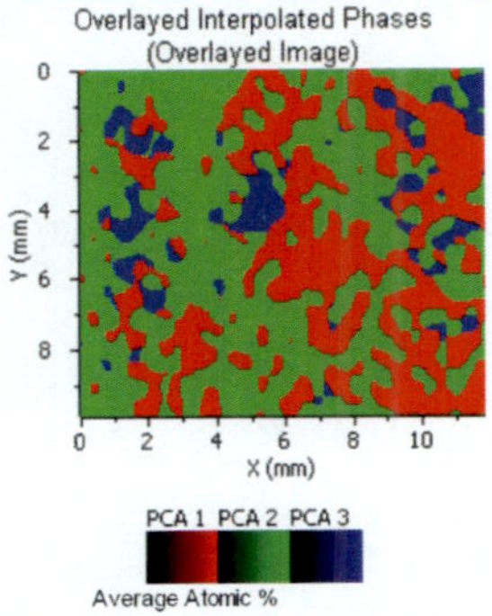

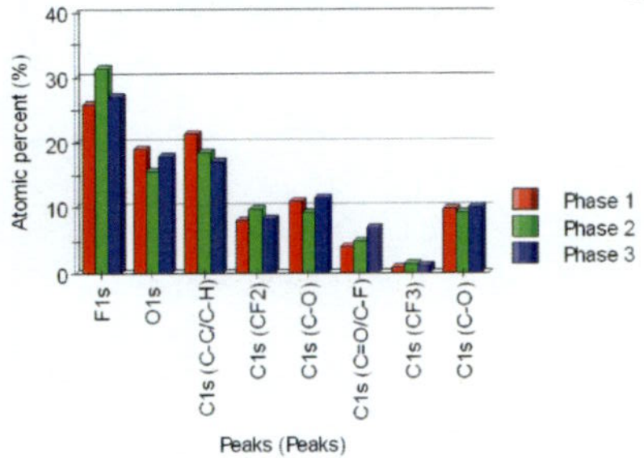

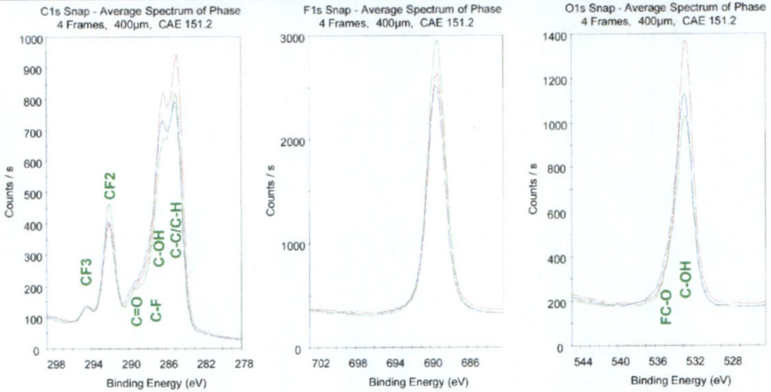

- Phase analysis of the At% image, shows that the variation across the surface is due to areas where the coating is depleted (blue & red).
- The hydrocarbon & C-O groups are stronger in these areas, consistent with exposure of the fabric substrate

ThermoFisher SCIENTIFIC

D Ergebnisse Benetzungswaage

Probe		Gewicht [g]	Oberflächenspannung [mN/m]			
			Messung 1	Messung 2	Messung 3	Mittelwert
VE-Wasser			65,9	70,6	72,4	69,6
			71,8	72,1	72,0	72,0
			66,7	70,3	71,5	69,5
CO/ PES	unausger. neu	1,511	46,4	48,1	49,1	47,9
		1,517	45,6	46,9	48,0	46,8
		1,550	51,0	50,8	50,9	50,9
	C8 neu	1,666	59,3	61,4	61,6	60,8
		1,637	63,3	60,5	60,3	61,4
		1,660	62,7	64,0	64,8	63,8
	C8 5W	1,713	47,1	47,2	47,7	47,3
		1,720	48,1	48,6	48,9	48,5
		1,714	45,6	46,1	46,2	46,0
VE-Wasser			71,6	72,0	72,2	71,9
			72,3	72,4	72,5	72,4
			72,3	72,5	72,3	72,4
AR/ CV-FR	unausger. neu	1,160	52,5	52,8	53,0	52,7
		1,147	50,6	51,5	52,1	51,4
		1,156	51,2	51,9	52,3	51,8
	C8 neu	1,228	62,1	62,3	61,9	62,1
		1,218	55,6	56,6	57,4	56,5
		1,224	62,9	63,3	63,9	63,4
	C8 5W	1,210	46,8	47,0	46,8	46,9
		1,189	47,3	47,3	47,5	47,4
		1,217	42,4	43,5	43,9	43,3
VE-Wasser + Waschmittel	0,004 g/l		62,1	64,9	67,0	64,7
	0,04 g/l		49,1	50,0	50,9	50,0
	0,4 g/l		33,7	33,7	34,0	33,8
	1,6 g/l		31,7	31,9	31,6	31,7
	2,8 g/l		30,7	30,7	30,5	30,6
	4,0 g/l		30,5	30,4	30,7	30,5

E Ergebnisse Kontaktwinkelmessungen

Zustand PVC-Platte	Kontaktwinkel [°]		Oberflächenspannung [mN/m]		
	H_2O	CH_2I_2	gesamt γ_s	dispersiv $\gamma_{s,d}$	polar $\gamma_{s,p}$
ungereinigt	94,2	54,8	32,2 (OWRK)	30,9 (OWRK)	1,3 (OWRK)
	97,2	56,5			
	91,0	52,2			
	92,7	60,1			
	91,7	54,3	33,3 (OWRK)	32,1 (OWRK)	1,2 (OWRK)
	95,0	56,0			
	89,2	53,3			
	97,2	51,6			
mit Ethanol gereinigt	87,8	50,0	38,8 (OWRK)	36,4 (OWRK)	2,4 (OWRK)
	84,6	43,8			
	86,6	44,8			
	83,7	45,8			
	87,1	48,1	39,8 (OWRK)	36,7 (OWRK)	3,1 (OWRK)
	75,5	42,0			
	85,4	43,5			
	83,3	48,7			
plasmabehandelt	64,8	36,3	52,3 (OWRK)	41,2 (OWRK)	11,1 (OWRK)
	57,3	37,0			
	65,1	36,8			
	58,8	37,3			
	59,8	38,2	54,6 (OWRK)	39,8 (OWRK)	14,8 (OWRK)
	54,3	41,3			
	57,4	39,9			
	51,2	38,8			

Zustand PVC-Platte	Kontaktwinkel [°]		Oberflächenspannung [mN/m]		
	H_2O	CH_2I_2	gesamt γ_s	dispersiv $\gamma_{s,d}$	polar $\gamma_{s,p}$
mit FC beschichtet	117,2	95,8	16,2 (Wu)	15,6 (Wu)	0,6 (Wu)
	116,9	92,4			
	120,4	91,3			
	117,2	94,2			
	116,0	92,8	16,9 (Wu)	16,7 (Wu)	0,2 (Wu)
	119,4	90,2			
	117,6	89,5			
	119,0	89,8			
mit FC beschichtet und gewaschen (innere Platten)	115,1	81,4	18,5 (Wu)	18,5 (Wu)	0,0 (Wu)
	115,3	82,1			
	116,5	82,0			
	120,0	78,5			
	115,3	85,1	19,2 (Wu)	19,2 (Wu)	0,0 (Wu)
	115,2	80,7			
	119,9	80,0			
	113,8	81,1			
mit FC beschichtet und gewaschen (äußere Platten)	78,4	46,5	41,1 (OWRK)	35,9 (OWRK)	5,2 (OWRK)
	75,1	47,9			
	78,9	47,0			
	77,5	46,8			
	82,9	46,8	39,7 (OWRK)	36,2 (OWRK)	3,5 (OWRK)
	82,0	47,2			
	84,2	45,4			
	79,4	46,6			